come together

一人食

一個人也要好好吃飯

蔡雅妮、張愛球

自序

　　許多人都問我，為什麼會選擇「一人食」這個主題？

　　如果你有一份工作，即便一個人生活，也還是會有同事跟你一起吃飯，但是自從我辭職後賦閒在家，就真的要面對完全一個人吃飯的生活了。這是孤獨的開始。

　　起初，我天天都宅在家裡，以烤土司和便利商店裡的便當為主食。時間一長，我覺得不能再這樣下去了，於是打算一個人去餐廳吃，但是感覺怪怪的。想自己做飯，卻又無從下手，只好上網求助。每當看到那些美食達人的精巧廚藝就豔羨不已，「想學做飯」的念頭突然冒出來，無法遏制。

　　如果那些達人們能夠親手教我做菜，該有多好！可惜，就像單身人士的朋友都是單身一樣，不會做飯的人身邊恰好都沒有會做飯的朋友。

　　訪人物，寫美食，交朋友，我突然產生了這樣一個很有趣的念頭。如果每寫一個美食故事，就能接觸到一個新鮮的人，真是讓人好奇和興奮，而且我也相信食物的氣味會跟著主人的氣息產生不同的變化。我對此深深著迷！

在採訪、拍攝前，我通常會先吃一頓他或她做的飯菜，有時是好幾頓，對他或她的食物產生感情之後，我們就會共同討論要做一道怎樣的菜。所選的菜都有一個前提：必須是有感情的、簡單的美味。每進行一次採訪，就多結交一位新朋友，這也許就是所謂的以食會友吧。

一人食，不單只介紹食譜，更是分享每個人獨特的生活方式，和面對生活的態度。我認為擅長做飯的人，也一定是很會安排生活的人。在他們一絲不苟地對待手中每一種食材，認真專注地吃好每一頓飯的過程中，充滿了他們對生活極致的敬意和熱愛。

在漫長的人生旅途中，難免有一段或者幾段一個人吃飯的時候，學會與食物對話，享受它，也尊重它，這正是「一人食」想要傳遞的善意。

是的，一個人吃飯也可以不孤獨，一個人當然也要好好吃飯。

蔡雅妮

目錄

皮蛋豆腐

皮蛋能遇上豆腐是機緣巧合。

在處處需要拚搏的都市裡，

相識、相戀也需要機緣巧合。

都是機緣巧合。

貝貝認識 Yanni 的時候，正租住在一棟房子的頂樓。老房子的頂樓多數都有一間閣樓，以前居住條件不夠好的時候，閣樓只是人們賴以歇腳的一個不算十分理想的選擇。「你住的地方怎樣？」「呵，住閣樓。」這話裡有許多無奈，閣樓狹窄欠通風，無論睡覺還是讀書寫字都顯得礙手礙腳。後來不同了，擁有閣樓成爲了一件閒情逸致的事。

隨便對誰說起自己住的那間房，對方總會露出羨慕的神情來，貝貝已經習慣了，還得耐心解釋說，純粹是運氣好，機緣巧合。在處處需要拚搏的都市裡，的確連租房也需要機緣。生活實在不易。

第二次見面本來只是平常地約了吃飯。吃著、喝著，男生女生

13 ———————— 皮蛋豆腐

們高興起來。

「你那個時候是不是週末都要特地千里迢迢跑來和我們一起玩？你是不是一個人難耐寂寞，又嫉妒我們？」

「是！是！看到你們夜夜笙歌我妒火中燒，必須親自參與。」

貝貝和 Yanni 是因為一位共同的朋友而認識的，這位朋友就是對話裡「妒火中燒」的人。

「我們現在都不去跳舞了。你還在跳！」

「我愛玩呀。」

「哈哈哈……」

除了回憶往事之外，這次聚會還促成了一項重要任務：拍一組以「一人食」為主題的短片。貝貝覺得這個主意很不錯，加上一點紅酒在體內產生的放鬆效果，她順便答應出任第一支短片的女主角。

「那你準備做什麼菜？」

「皮蛋豆腐！」像喊口號一樣。

「皮蛋豆腐算一道菜？」顯然導演對這個安排不太滿意。

「當然，」貝貝解釋她不是因為只會做皮蛋豆腐所以要做皮蛋豆腐，「我做的皮蛋豆腐真的很好吃。」她看起來特別認真。

她帶 Yanni 去了那間「機緣巧合」獲得的房子，領著客人參觀了全貌，包括平時只有她一個人在用的天臺。「真好。」客人由衷讚嘆。天臺的好處是宅在家裡也可以接觸到自然風光。老人家都愛說久不下樓缺乏地氣，人總要接地氣，然而與其搬把椅子坐在車人川流的弄堂裡，不如自家有一個更自由的天臺，可遇不可求，世外桃源一般。

她這幾天比較有空，網購的皮蛋到了，正好有朋友打電話來問她在做什麼，她說做皮蛋豆腐，就有人跑來當食客。皮蛋豆腐通常出現在一份菜單的涼菜類裡，好吃與否，認真期待的人自然會

有評說，但大部分人只是用它來打發熱菜上來之前的空檔。一旦雞鴨魚肉上桌，皮蛋豆腐便被冷落在一旁，直到服務生收桌的時候把它刨圇丟進泔水推車裡。

其實作為一道算是比較著名的涼菜，它的口味往往會影響人接著吃大菜的食欲。豆腐的口感不好，皮蛋沒有彈性，肉鬆香氣變陳，那麼這頓飯也已經失敗了。

貝貝有時候會將皮蛋豆腐作為一頓飯的主菜，飯是用薏仁米煮的，盤子裡有香菜、豆腐、皮蛋、肉鬆，營養也夠；醬油、陳醋、XO 醬調味，也不覺得單調。她留學英國時就說過，我就圖又好吃又方便，一個人想吃什麼就做一個，就地取材，不用精心準備。

再後來——是在讓皮蛋豆腐成為一頓飯的主菜之後——又發生了一件機緣巧合的事。她結識了一個具有藝術家氣息的男生，和他結了婚，生下美麗的女兒，但看見她的人仍然覺得她像是一個從童話裡跑出來的睡眼惺忪的公主。

皮蛋豆腐

／材料

皮蛋兩顆、香菜一把、嫩豆腐、肉鬆、涼拌醬油、陳醋、XO醬。

／做法

1. 用線把皮蛋從中間切開。香菜切段。
2. 豆腐浸在36℃的溫水裡，連盒一起剖開，再切半。
3. 豆腐與皮蛋盛盤。
4. 分別取適量涼拌醬油、陳醋、XO醬攪勻，淋入盤中。
5. 灑上肉鬆、香菜即可完成。

麻婆豆腐

遇到深夜工作到快崩潰，

但仍然從內心深處不能放過自己的時刻，

只有食物能拯救她。

Let food be thy medicine and medicine be thy food.
— Hippocrates

「沒有奶奶手製的辣椒粉*，就做不出正宗的麻婆豆腐。」林竹以這樣的口吻批評了在日本留學時見過的所有「日式麻婆豆腐飯」。

林竹從冰箱裡拿出一包東西，打開湊在鼻子底下聞聞，熟悉的氣味飄散出來，是奶奶在老家做好了給她帶出來的辣椒粉。它們被處理得極乾，一粒粒鮮紅可愛，呼口氣就能飛起一片。

她對氣味一直很敏感，這是除了賴以為生的圖形色彩辨識之外的第二大本能。她是一位插畫家，在上海有一間工作室，獨自生活已有好幾年，吃喝一切靠自己。

上海有很多漂亮的老房子。和說人漂亮一樣，有時候不一定指外形，而是指氣質。上海的老房子裡有一些是外形漂亮，有一些

---

* 辣椒粉 ｜ 在林竹瀘州老家（位於中國四川省東南部）習慣稱為「辣椒麵」，但因下文會提及一些麵食名稱，為避免混淆，將辣椒麵統稱為辣椒粉。

麻婆豆腐

是氣質漂亮,那些三面或四面臨空、附帶一座花園的老洋房,距現在也有超過半個世紀的時間,有的甚至將近一個世紀。

　　林竹的工作室就位在其中的一幢。這些房子通常高度十足,冬暖夏涼,雖然樓梯和樓板常常踩著吱呀吱呀響,但還是有不少人喜歡。冰箱就在玄關的一側,靠近門口。

　　「你知道嘛⋯⋯東京街頭日式速食店的菜單上通常都會有麻婆豆腐飯,但那是甜的!」這簡直是一件不可思議的事。而在林竹租住的小公寓裡,她把麻婆豆腐發揚光大為「麻婆一切」:「麻婆」所有冰箱裡的剩菜——像一句口號一樣。

　　在麻婆豆腐裡放入秋葵,或者是切得很碎的藕丁、茄子,甚至有一次她煮了幾根玉米,吃的時候覺得太老了,就把玉米粒剝下來當成了麻婆豆腐的一樣配菜,效果還不錯。尤其不能忽略一點:它們和白米飯是絕配。

　　大鐵鍋,鐵製舂子,石臼,這幾樣是奶奶製作辣椒粉的基本工具。「這都是從鄉下收上來的乾辣椒,把它們像這樣剪成段,每

麻婆豆腐

段大約是手指肚長短，辣椒蒂要先剪掉。」

「花椒裡面的籽要去掉。對，是用手剝開，一顆一顆都要弄乾淨。」

「炒的時候辣椒和花椒分開炒。舂的時候再一起舂。」

老家的廚房挺大，紮著馬尾的林竹小朋友站在奶奶身邊，拿一把剪刀剪著乾辣椒。她看過很多次奶奶做辣椒粉，不知道為什麼她很喜歡廚房裡的這股氣味，尤其奶奶用大鐵鍋炒辣椒的時候，她都能想像出把熱油澆在辣椒粉上那股一下子炸開的香氣。不過，剪乾辣椒這會兒她忍不住哭了。她一面被辣得眼淚汪汪，一面問奶奶為什麼不會像她這樣哭。奶奶說，習慣啦。

一幅描繪小時候和奶奶一起做辣椒粉的溫馨漫畫，靜靜躺在她電腦的資料夾裡。她把辣椒粉捧在手裡，有時候會想起那張畫。辣椒粉就是她的護身符，保護她走到天涯海角，即使遭遇一點人生的不愉快也能及時得到安慰。

除了爲自己做正餐，她還常常有解饞的需求。比如做一碗從媽媽那裡學來的小麵 *。

倒一勺油到鍋裡，看溫度漸漸升得差不多，就把油舀到盛著辣椒粉的一只白瓷小碗裡。在油潑辣椒粉的過程中，她一面攪拌一面倒油，油溫必須控制得宜，如果太熱的話辣椒粉會被燙焦。

把做好的油潑辣子放一邊，然後在鍋裡下龍鬚麵線。麵條在開水裡翻滾著，她把它們撈起來，蓋上切成絲的腐皮、燙熟的空心菜葉，澆一勺油潑辣子，最後灑上蔥花，小麵就做好了。那一碗油潑辣子還可以配幾頓小麵。不過也不能放久了，東西還是新鮮的好吃。

作爲摩羯座，她總會遇到深夜工作到快崩潰，但仍然從內心深處不能放過自己的時刻。只有食物能拯救她。

---

* 小麵　│　四川重慶的一種特色小吃，通常是辣味的，配料可依據個人喜好變化，
　　　　│　一般爲素麵。

麻婆豆腐

╱材料
木棉豆腐、太白粉、蔥花、糖、油、豆瓣醬、辣椒粉、絞肉、醬油。

╱做法
1. 將木棉豆腐切成小塊。起油鍋。
2. 低溫放入辣椒粉，放入絞肉拌炒。加醬油、豆瓣醬、糖。
3. 放入豆腐，翻炒上色。加適量水，轉小火燜煮 5 分鐘。
4. 加入太白粉進行勾芡。盛盤，灑上辣椒粉、蔥花。

燉豆腐球

白色的熱氣從鍋蓋的邊緣嬝娜升騰，

細細地，慢慢延伸到窗戶旁，

日光正盛，兩種明亮的白色光澤漸漸融合在一起……

Life is weather. Life is meals.
Lunches on a blue checked cloth on which salt has spilled.
— James Salter

「人生是珍饌，如同在灑滿鹽的藍格紋布上的午餐。」

這是美國小說家詹姆斯‧索特（James Salter）在《光年》（Light Years）中寫下的句子。

南朗也有藍格子布，和很多其他格子、線條或純色的布一起，齊整地堆放在工作室一隅的桌上。一捆捆的粗布，質感醇厚，是他旅行各地時慢慢收集而來的。這些布用來當作桌巾並不怎麼合適，它們可以用來製衣、做門簾，或是就這樣擺在一起，讓人們看到以前美好的工藝和圖案設計。吃飯的話，南朗會更願意直接將杯盤碗碟放在工作室那張暖色的木桌上。

舊門板改造而成的木桌，沒有上漆，摸起來不覺得粗糙，也不是那種讓人什麼都不敢往上放、生怕弄出刮痕的拋光。南朗時而

燉豆腐球

會在這裡宴客，每次聚會，氣氛總是熱鬧歡騰。畢竟來工作室做客的大部分都是相熟的朋友，做設計的、做服裝的、做平面的、做家具的，大家觀點相近，話題投機。有時朋友帶著朋友，來往幾次也就熟悉起來。

桌子一側就是廚房，多半時間門都開著，光線就在其間穿梭。小小一間廚房，水泥的灰、瓷磚的白、鐵窗框的黑、廚具的亮，一切都揉合在一起，有一股潔淨通透的煙火氣。南朗會為客人準備麻質的小餐巾，泡上茶。桌上有花，多半簡單清爽。秋天的橘梗，初夏的芍藥，院子裡的枝葉偶爾也會剪一、兩枝來用，往土陶的罐子裡隨便一放，就美極了。

而平日裡安靜的設計工作室，就是在這樣的時刻，變身成了「素食廚房」。

在中國東北農村長大的南朗從小不喜葷食，夏天的家鄉那麼多好吃的蔬菜，生菜、黃瓜、地瓜，從自家菜園子裡摘下來，新鮮得沖洗一下就可以生吃。燉菜也喜歡，扁豆、菜豆、茄子，燉香了就是下飯菜。廚房是從小就熟悉的地方，兒時母親在灶間做

飯，小小的男孩就在旁邊當幫手，遞個碗，添個柴，一來二去就看會了六、七分。國中的時候，父母總要在田裡忙農活到很晚，他騎著自行車早早從學校趕回家做飯，自己吃，也做好了留給父母。弄完、吃完，再慢悠悠騎回學校去上晚自習。記憶裡，路旁的玉米總是茂密，夏日很長，而無憂無慮的少年時代，則倏忽而過。

在佳木斯（位於中國黑龍江省）讀大學的時候住宿舍，自然無法下廚。再後來離開家鄉外出工作，先是北京，又輾轉來到上海。生活條件雖然好轉，但「忙」卻成了藉口，廚房依舊是遙遠又奢侈的所在。

「小時候家裡會做高粱飯，高粱米用水煮到七、八成熟，撈出來再燜，加上紅豆一起煮。最早是只有在嫁娶的喜慶日子裡才能吃到這種紅米飯。還有一種黏小米，用來做東北的黏豆糕，可惜現在吃不到了。」說起這些，南朗有些唏噓。

他學過一陣子西餐，最初是因為想開咖啡館，憑興趣就去學了。時間雖然不長，咖啡館也沒開起來，不過西餐善用醬汁的技

巧還是令他受益良多。特別是如今做素食，更仰賴利用有限食材來製作出鮮美的高湯。他也開過小店鋪賣首飾，「當時店開在北京，沒做好，兩個月就倒閉了。」他呵呵笑，絲毫不介意這些在旁人看來是「失敗」的經驗。

二〇〇九年，他和朋友在北京創立設計師品牌店。朋友做採購，南朗則負責店鋪的形象、裝潢設計以及相關日常事務。幾年時間，這間店受到越來越多的關注；二〇一二年，他隨著開拓分店的計畫移居上海，生活變得更加忙碌。但不知怎的，那個關於廚房的夢，卻忽然又被喚醒了。

小電磁爐上，豆腐球正在調好味道的番茄櫛瓜醬汁裡輕輕燉著，白色的熱氣從鍋蓋的邊緣嫋娜升騰，細細地，慢慢延伸到窗戶旁，日光正盛，兩種明亮的白色光澤漸漸融合在一起。「啪——」，南朗點起了一支菸，搬了張凳子，悠悠地坐在爐灶前，翻起了書。

這間隱蔽在工作室內側的小廚房，完全是他的心血，幾乎是從無到有搭建出來的。白色的牆面瓷磚，貼牆而掛的兩排鍋勺刀

—————————— 燉豆腐球

具，櫥櫃、碗架，每一樣都是他親手挑選。

茄子滷、溫拌麵、素煎餃、豆腐球、番茄馬鈴薯丸子，一眾肉食動物的友人，卻幾乎個個愛嘗他的素食手藝。南朗做麵食也好看，這還真是北方人才有的功夫吧，和、揉、擀、切、剁……行雲流水一般。麵粉在案板上輕輕飛揚，他手腕上那個星形圖案的刺青也跟著起伏，有時候細粉沾了些到深色的麻質半身圍裙上，間或也在白色襯衫上留下些痕跡，他不以為意，外頭聊天喝茶的朋友們見到了，紛紛嚷著大廚好性感。灶上豆腐和番茄醬汁的香氣變得更加濃郁，該是起鍋的時候了。

有了間廚房，也是一個夢的實現。南朗其實是行動派。

《飲食男女》中有一句經典臺詞：「人生不能像做菜，把所有的料都準備好了才下鍋。」當別人還在扭扭捏捏、思前想後，他已經開始著手嘗試了。成和敗，都沒什麼大不了。坐在爐灶前抽支菸的時間，也是寶。

燉豆腐球

／材料

番茄、青椒、櫛瓜、荸薺、香菇、生米、木棉豆腐、紫菜、麵粉、
蔥花、橄欖油、鹽、黑胡椒粉。

／做法

1. 番茄切塊，青椒切絲，櫛瓜切片。

2. 番茄入油鍋翻炒，加適量清水，燜煮一會兒。

3. 生米放入平底鍋內，開中火炒至金黃色。

4. 將炒好的米放入番茄鍋底，煮 15 分鐘。

5. 香菇和荸薺切丁，攪拌。放入木棉豆腐，壓碎，一起攪拌。
   加紫菜末、麵粉、蔥花、橄欖油、鹽、黑胡椒粉，拌勻，搓
   成大小均等的豆腐球，在麵粉碟裡稍微滾一下。

6. 放入油鍋煎炸，直至表面呈金黃色。

7. 在番茄鍋裡加入櫛瓜、鹽和黑胡椒。

8. 把豆腐球放入湯底，用慢火燜 1 分鐘。

9. 盛盤。豆腐球上灑少許芝麻葉。

四川涼麵

金紅色的夕陽餘暉路過樹幹，路過樹枝，

也路過城市的灰塵和噪音。

他瞇起眼，跟著鼓點的節奏輕晃……

鍋子燒到八、九成熱，一把花椒灑下去，「呲啦——」一聲瞬間充溢廚房。

有那麼兩秒鐘，整個耳膜都是這聲音留下的餘韻，世界什麼的都不重要了，眼前油鍋裡翻滾著的小小的青紅色顆粒才是令人歡愉的源頭。緊接著，鼻腔也被它侵占，噴香微麻的氣味無孔不入，四肢百骸也跟著震顫了起來。

朱怡聳了聳肩，將那個裝著花椒的紙袋子封口重新疊好，塞進玻璃瓶裡，又側身把廚房的窗戶開大了些。花椒的氣味順著窗戶飄了出去，像一朵小小的火山爆發雲。

這樣的情形，幾乎每天都會在朱怡家的廚房裡發生，頻率比他打鼓的次數還高。同樣數量驚人的，是從廚房料理檯一直延伸到

四川涼麵

吊櫃以及角落架子上的各式調味料與乾貨，幾乎都要蔓延到灶頭上去了。豆瓣醬一、二、三瓶，花椒四、五、六袋，辣椒七、八、九種，再加上各種花椒油、麻油、香菇、干貝、牛肝菌、野當歸……瓶瓶罐罐滿滿地堆疊在一起，熱鬧得像一場小市集。

「雖然網路購物也很方便，不過這些東西都還得要貨比三家，買來試過、吃過才能下判斷。」即便是最熟悉的花椒，即便是像朱怡這種從小吃到大的「老江湖」，即便是貼了產地標示，仍然免不了一次次花時間試吃。所以，只要有機會回老家四川成都，朱怡就一定會去逛市場，一家家品嘗，直到選到滿意的花椒，再千里迢迢帶回上海。

「優質花椒的麻味像是爆破一樣，瞬間刺痛之後還能在舌上停留很長的時間，餘味繚繞。而不好的花椒回味則會發苦。」這是母親很早就教會他的挑選花椒的訣竅。朱怡的外公是裁縫師，也燒得一手好菜，母親的好手藝就是跟著外公學的。至於他自己，「我其實沒好好學過，但從小吃、從小看，很多東西自然而然就知道該怎麼用」。

做藤椒油的時候，一定要先用小火把青花椒炒香，再油浸。雖然只是很小、很簡單的步驟，卻是能做出美味藤椒油的祕訣。這也是媽媽教給他的技巧。

夏天做好涼麵後，朱怡會在吃前再滴上幾滴椒油，彷彿是最後的火煉。雖說都叫四川涼麵，但這種家常味最是體現各家特色，微妙而隱祕，簡直像是未落到紙上的食物祕笈，僅依靠長輩的手藝和孩子的味覺記憶來代代傳承。

辣椒磨碎做紅油，花椒熗鍋做肉燥，獨子蒜 * 拍得啪啪響。滾水煮燙好的麵條，要用一把大扇子呼啦呼啦吹到涼。朱怡的涼麵做得好看，節奏起伏，香氣誘人，一旁等吃的人有些坐不住了，「啪——」開了罐冰啤酒。

有時候也會來一大群朋友，小門板桌上稍微擠一擠就能坐下十多人。他用紅花椒熗鍋炒蔬菜，做椒麻雞，又做粉蒸肉，做豆瓣排骨，冬天就用青花椒加辣椒調味做火鍋，一滿盆有肉有菜、料足味濃的水煮鮮食從廚房端出來，一路晃晃悠悠，還未在桌上擺

* 獨子蒜 ｜ 大蒜的一個變種，只有一個蒜瓣而得名。原產於中國雲南省。

穩，十幾雙筷子就等不及地伸進去，濺出一片片紅油，在舊門板桌子上留下一小點一小點亮閃閃的光。

夏天吃辣好像總有種格外爽快通透的感受，吃得高興，來了興致，朱怡就會打鼓。來自西非馬利共和國的非洲鼓 Djembe、來自埃及的中東鼓 Dabuka、來自新疆的達甫手鼓，或是平常放在房間裡像一張凳子、來自南美祕魯的木箱鼓 Cajon……每只鼓都有不同的聲音，有些輕快，有些磅礡，有些明亮，有些深沉。

玩鼓純粹是興趣，朱怡有自己擅長的節奏。剛剛吃完的那盤涼拌馬鈴薯絲，藤椒油下得重了些，舌頭上還麻麻地發燙，手指間血脈通暢，連鼓聲的節奏都好像變得熱烈起來。夏天傍晚，有風最舒服。朱怡把鼓搬到天臺上，金紅色的夕陽從遠處的樓宇間照過來，路過樹幹，路過樹枝，也路過城市的灰塵和噪音。他瞇起眼，跟著鼓點的節奏輕輕晃，有那麼一瞬間，似乎找到了可以讓自己愜意沉浸的那個世界。

一九九五年離開四川成都，一路輾轉，去過北京，到過蘇州，又落戶上海；朱怡做過軟體，從事過研發，當過 IT 資訊類的撰

稿人，後來又因自己的興趣開始經營咖啡館，二〇一二年籌備並創立了甜點品牌。他一路走來，似乎總能踩出恰到好處的節奏。

朋友都喜歡到朱怡家串門子。雖然大部分時間男主人都窩在廚房裡忙，不過這絲毫不影響一班朋友一邊坐在外頭閒扯，一邊聞著廚房裡偶爾飄出來的花椒香。桌上有茶，有牛軋糖，運氣好的時候，還能摸到幾塊美味的馬卡龍。自創甜點品牌的小刺蝟標誌散落在房間的各個角落，像一場尋寶遊戲，被貪嘴的夥伴們一一發掘出來。

席間最受歡迎的話題是各種川菜經，也有人心血來潮想學打鼓，嚷嚷著要拜師。臨走，又常能討得一小罐花椒、一小瓶花椒油之類的。那辛辣跳躍又振奮人心的「呲啦」聲以及混合著香、麻、辣、鮮、爽的花椒香氣，也就這樣傳遞到了朋友們各自的廚房裡。

其實做菜也好，做點心也好，煮咖啡也好，打鼓也好，講究的無非是一個節奏。一碗涼麵，幾粒花椒，也可以演奏出屬於自己的節奏。

四川涼麵

／材料

麵條、絞肉、綠豆芽、青花椒、紅花椒、辣椒粉、辣椒、甜麵醬、
醬油、蔥花、獨子蒜、糖、芝麻醬。

／做法

1. 青花椒、紅花椒各一半,小火熱鍋,烘香花椒,然後用研磨機
   磨成粉。
2. 滾油一勺,澆到一小碟辣椒粉上,做成紅油。
3. 起油鍋,放入幾根辣椒和一把花椒,放入絞肉翻炒。加甜麵醬、
   少許醬油、蔥花,裝盤備用,即為肉燥。
4. 剝幾枚獨子蒜,拍成蒜泥。
5. 將麵條煮熟撈出,淋少許熱油,拌勻吹涼。
6. 取一把綠豆芽在沸水裡燙一下。
7. 用醬油、花椒粉、紅油、糖、芝麻醬、蒜泥調成醬汁,澆在麵
   條上,一面拌勻。
8. 麵條拌成辣椒色之後鋪上綠豆芽、放上肉燥即完成。

咖哩拌麵

他的身體隨音樂擺動了幾下，

燈光從簷下透出去，

落在院子裡的腳踏車上。

One cannot think well, love well, sleep well,
if one has not dined well.
— Virginia Woolf

晚上七點五十分。

食堂的門鈴響了，史暘起身去院子裡開門。這時候店裡只有他一個人，前一批客人離開了大約有二十分鐘，他在想不知道是朋友還是客人。

晚上降溫了，院子裡冷颼颼的。進來的是一個紮著馬尾的女生，個子不高。

史暘認得她的臉，雖然不是天天來，但印象中似乎常在這個時間點來吃晚飯，一個人。

史暘雙手遞上菜單。菜單有正反面，一面是餐點，另一面是酒水；餐點裡分成佐酒、主食和套餐三類。

———————————————— 咖哩拌麵

馬尾女生看了好一會兒，問雞蛋蓋飯是怎麼做的。史暘解釋得很仔細。女生又問了幾樣菜單上的餐點，最後確定要一份雞蛋蓋飯、一份烤秋刀魚和一碗味噌湯。

主人在以布簾隔開的狹長廚房裡做飯，客人在厚重的松木長桌前悠閒地翻一會兒雜誌。音響連接著 iPhone，播放著主人的線上音樂，一個悠揚的日本女聲在天花板下飄蕩。客人背後的牆壁上，貼著一張主人用毛筆書寫的「日進斗金」的紙。院子裡一隻花貓在「巨大的貓砂盆」裡——鋪滿石子的扇形小花壇——留下些什麼後跑走了。

史暘在碗裡打了兩顆雞蛋，攪勻之後倒進已經燒熱的平底鍋裡。雞蛋在鍋裡開了花，發出令人滿足的噗噗聲。爐灶前的紫色抹布疊成整齊的長方形，一旦有水或油濺在檯面上，史暘就馬上用抹布擦掉，再疊好。盛飯的時候，他搬來一張圓凳，把鍋蓋放在上面。熱騰騰的白米飯讓幾片鋪在上面的奶油很快就融化了。當秋刀魚的香味從烤箱裡飄出時，史暘將雞蛋蓋飯端給馬尾女生，飯上的柴魚花微微顫動。史暘打開烤箱，察看了一下魚的狀

況，翻個面又放進去。在端上魚和湯之前，史暘將做蓋飯用到的材料和工具都收拾乾淨了。接下來的時間裡，他坐在冰箱旁邊的椅子上靜靜喝了會兒茶。

食堂裡的很多物件都有史暘的親身參與，而不是簡單從店裡買來的。比如他放置鍋蓋的那張圓凳，以及店堂裡所有的椅子，都是他在街區散步時撿到的——材質和款式絕對算得上是古董。

占據待客區主體的松木長桌，是史暘買了木料，自己製作而成。小時候他家樓下住著一位木匠師傅，史暘很喜歡看他做木工。不論是現在人們聚攏在時髦場所圍著長桌觀摩西點的做法，還是那時候史暘蹲在水泥地上看木匠鄰居做家具，至少都說明了一件事，那就是消耗體力的動手勞作還是很能吸引人的。

因為小時候的勤奮學習加上天分，只要手頭有適當的工具，史暘就能自己動手做出不少東西。

為了做桌子，他一共買了五根木料，一根用來做桌腳和連接用的榫頭，其餘就拼成兩張桌子——整根木料被切割成兩段，最後

做成的桌子頭尾相接在一起不太容易注意到切割處。從刨、燒、刮，到上清漆……當然，實際做起來要比這樣說說複雜多了。而一年前，桌子剛上完漆的時候比現在更亮堂。

　　一年前，史暘搬離了他經營的第一家店，一間和食堂同名的酒吧。名稱承襲自爺爺以前開設的藥房。史暘既沒有去過藥房，也沒有看過藥房的照片，不過那個名字一直在他大腦裡揮之不去。

　　他在日本工作了不算短的時間，有些飲食習慣也在那期間培養起來。開店之後他每年會去一次日本看望朋友，順便帶一些器皿以及廚房用具回來。店裡漸漸由他所熟悉的器具、材料布置起來。這應該會是他一處長久的謀生之所。

　　晚上八點十六分。

　　點雞蛋蓋飯的馬尾女生還在品味最後一點秋刀魚和味噌湯。過了不久，餐廳的門被推開，從屋外鑽進來的冷風吹得布簾微微搖晃。

　　食堂裡又剩史暘一個人了。

線上電臺裡的歌已經完全偏離了「你可能喜歡的」選項，不知道放的是什麼歌。史暘調了調頻道，喇叭裡傳出一曲風格熱烈的音樂。

在音樂聲中，他把前一天熬好但沒用完的咖哩鍋端到桌子上，把開水燙過的材料丟進去。胡蘿蔔和馬鈴薯塊在鍋裡浮浮沉沉，在小火的作用下，鍋裡開始冒起小小的咖哩泡泡。

他為自己做了一份咖哩拌麵，手邊還有喝剩的酒。他站著把最後一點麵吃完，身體不由得隨音樂擺動了幾下。燈光從簷下透出去，落在院子裡的腳踏車上。

咖哩拌麵

／材料
麵條、香腸、泡菜、味噌蘿蔔、味噌汁、胡蘿蔔、馬鈴薯、蔥。
（冰箱裡有其他剩餘食材也可視情況考慮使用）

／做法
1. 胡蘿蔔切塊，馬鈴薯削皮切塊，將二者用沸水燙一下，放入之前熬好的咖哩鍋中，攪拌，以小火煮 15 分鐘。
2. 麵條用大火煮 3 分鐘，撈出。
3. 麵上擺兩根香腸，盛入咖哩，搭配泡菜。煮熟的大塊味噌蘿蔔淋上味噌汁，均勻切成四塊，灑上蔥花。

酪梨拌飯

從「戀愛中」變成「單身」

讓人有點惆悵，

不過，她還年輕，

而年輕已經是最美好的事。

直到凌晨一點鐘，這個街區還是車來車往，雖然不像尖峰時段排著長龍停滯不動，但也看得出這裡是城市中一個繁華的區塊。白天的熱鬧和夜晚的熱鬧有點不同，白天煙塵紛擾，不論是車還是人都急急趕向前方，即便前方是片戰場；夜晚則嫵媚妖嬈，人的面目和白天都不一樣，有歡樂的，有失落的，為著如意或不如意的事。

幫忙看店的小姑娘已經回去了。提子查看了通往外面院子的門鎖、各個電源開關，然後關燈，鎖上門。走道裡的感應燈亮起來，把漆了綠漆的木門照得更加綠油油的。樓門外走進來一個人，經過提子身邊上了樓梯。提子把鑰匙放進布包裡，雙手插在外套的口袋，一個人走出去。

這條弄堂再往裡走有一家茶餐廳，此時仍然燈火通明。有些人

在夜店消費完會想吃點暖胃的東西，茶餐廳往往是人們的宵夜首選。這家店也有趣，名氣響亮，店面卻小得驚人。不知道為什麼這間分店好多年都在這條小弄堂裡守著這個位置，中午的時候在露天水泥地上擺幾套桌椅，一樣坐滿人，還排著隊。

出了樓門走幾步就到弄堂口。肚子有點餓，這個時間，這個問題對女生來說有點糾結，覺得控制體重比什麼都重要的人會選擇忍耐，只要以最快的速度回到家躺到床上去，就算抵擋住食物的誘惑了。而即使會冒出「又吃進去那麼多卡路里」的念頭，但仍然對吃興致勃勃的人，就像提子，現在就是絕佳的「美味宵夜發現時間」。

她在油豆腐細粉、麻辣燙、炒米粉之間進行了篩選，最後油豆腐細粉勝出。想到百葉包的滋味，她嚥了下口水。

叫了一輛車，她向司機說出目的地。駛出這個街區後，路面立刻變得暢通起來。大部分店已經關了，但許多櫥窗裡還有些小燈閃爍著。行到半路，提子想起什麼，跟司機說，麻煩能不能改道？

司機說，那條路是單行道欸。提子看了看所在的位置，的確已經錯過改道的路口了。

下了車，她沿路往北走。這家她熟悉的小吃攤在傍晚時分就會擺出來，攤子的主體是一輛推車，經老闆娘改造成可以烹飪、調味、備料的行動廚房。推車上方掛了一串燈泡提供照明，人行道上擺了簡單的幾套桌子和小板凳。有人在這裡買一盤米粉，又在路口二十四小時營業的便利商店裡買罐啤酒，坐在板凳上邊吃邊喝。

提子點了一份油豆腐細粉，老闆娘笑眯眯看了她一眼隨口說，今天一個人啊。提子笑了笑。

這是她千挑萬選最後鎖定的「上海最好吃的細粉」，料足，味道也好。她端著碗坐下，把湯吹涼一些，漂浮的紫菜、蝦米散開，露出沉在下面的百葉包和香菇。湯裡的豬油香簡直讓人陶醉。

說起來也奇怪，她一個人在家很少想到要做這些小吃。她經常在社區外臨街的水果店裡買一、兩顆酪梨，拌個沙拉，做成三明

治，或者和熱米飯拌在一起，有時蘸點用黑醋加幾滴橄欖油調製成的油醋單吃，就是不會自己做油豆腐細粉來吃。她在廚房裡很少處理肉類，最多做一些含有雞肉的食物。

酪梨是她的白天，油豆腐細粉是她的夜晚。從「戀愛中」變成「單身」讓人有點惆悵，不過，她才二十多歲呢，還年輕，而年輕已經是最美好的事。

酪梨拌飯

╱材料

酪梨一顆、米飯、鮭魚塊、檸檬、迷迭香、日式醬油、美乃滋、鹽、
黑胡椒粉、橄欖油。

╱做法

1. 酪梨切開，取出核。用刀在果肉上劃出井字，用大勺挖出，存
   放在溫水中。

2. 在盤子裡盛上熱米飯，把酪梨果肉鋪在米飯上，淋日式醬油
   以及美乃滋。

3. 用平鏟在果肉上輕輕按壓，攪拌。

4. 在鮭魚塊上撒鹽和黑胡椒粉，略微按摩後，醃3分鐘。

5. 在魚塊上刷橄欖油，炭烤鮭魚，過10秒鐘把魚塊翻身。

6. 將鮭魚擺在拌飯上，滴檸檬汁，放一小束迷迭香。

港式煲仔飯

在早上六點到九點這段時間裡，

廚房永遠是屬於老爺一個人的。

這是他和太太在生活習慣上的一種默契。

凌晨六點，他掀開被子輕手輕腳下了床。太太沒有被手機鬧鐘吵醒，呼吸聲平穩均勻。

那種天濛濛亮、半明半暗之間的曖昧感覺，是在天大亮之後才醒來的人們永遠無法體會到的。從屬於一個人的黑夜向著屬於很多人的白天轉化的過程中，微微的孤獨感圍繞在頸間，清脆溫暖。

朋友都說他像是王家衛電影裡的人物。說不清楚是哪一點像，氣質、外形、談吐，好像都有點像，但他既不是《阿飛正傳》裡的張國榮，也不是《花樣年華》裡的梁朝偉。他是「老爺」。

老爺這個綽號，是他到上海後，因事業而相熟的朋友替他取的。

「他在餐館裡遇見不懂禮貌的服務生要罵人。」

「哼，那種人不該教訓他？」

「是！老爺。」

一群人笑起來。老爺端起酒杯一仰而盡。

社會文明就是這樣進步的。一九八○年代中的時候，有一種叫Rave Party* 的事物從英國發端，它既不是老派的迪斯可，也不是現在舞廳裡有的那些，它由 Hip Hop 孵化而來，逐漸變成年輕人喜歡參與的一種集體活動。它不是主流，它在某個邊緣，有宣洩和宣誓的意味在裡面。

聽起來似乎是很單調的電子樂，但它節奏強烈，可以達到正常人一分鐘心跳數的兩倍，占據的場地往往空曠、簡陋、樸素、粗糙……不需要什麼修飾，但是要大，然後人多。DJ 是整場聚會的靈魂人物，只要在此地就可以很瘋狂。

* Rave Party｜狂歡派對。

Rave Party 散播到香港的時候，老爺認識的一個朋友在淺水灣開了一間這樣的酒吧。在此之前，老爺已經過了很長一段晝伏夜出的夜店主義生活，作息完全按照人家開店閉店的時間來規畫，起床以後「正好」可以和朋友吃個飯，然後趁 Happy Hour* 喝兩杯，喝完玩一會兒或看個電影什麼的，又「正好」赴下一個約，再爽爽快快地喝個盡興，以致幾乎香港每個俱樂部都認識他們。

　　他走進淺水灣那間酒吧實屬偶然，只是忽然覺得輾轉於俱樂部之間有點悶了而已。他在那裡待了大概有一、兩年，隨隨便便就當了店裡的員工，薪水多數時候用啤酒抵了去。清晨，他走去海灘邊看日出，傍晚，就欣賞一下來店裡坐著的美麗女孩，有些是來香港觀光的日本旅行團，有些是附近國際學校的學生，他總愛在吧檯後面聽客人講講心事。

　　老爺從那個時候就開始習慣早起了，睡到下午四點這種事再也沒發生過。

* Happy Hour ｜指酒吧的優惠時段。

在早上六點到九點這段時間裡，廚房永遠是屬於老爺一個人的。這似乎是他和太太在生活習慣上的一種默契。

他倒了杯啤酒，杯子底部的線條呈柔和的圓弧形，握在手裡很趁手。啤酒就是他的白開水。空氣裡於是有了麥芽發酵的香氣。

他已經想好了，早餐就做魚子醬蒸蛋。他找出一把專門用來割蛋殼的器具，還從來沒有用過，看起來原理和打開某些小玻璃瓶裝的口服藥液的方法類似──上世紀八〇、九〇年代時，這種口服液很常見，用一片拇指指甲蓋大小的齒輪先在密封的玻璃瓶口處刻一圈磨痕，然後使力快速地一敲，讓玻璃瓶上端整齊地斷下一截就算成功了。聽上去很難搞，力道沒掌握好就有可能敲不斷或者製造出碎玻璃片。

蛋液凝結成了鮮嫩可愛的蒸蛋。老爺用小匙舀了一勺放進嘴裡，魚子醬接觸到舌頭的時候滾動了幾下便融化了，蛋殼還有些發燙。這個早上，魚子醬蒸蛋是主角，創造出它的過程像是一項美味清新的專注力訓練。

整個冬天他做了很多次港式煲仔飯當早餐。他經常在睜開眼的那一刻像個小孩子一樣雀躍地想，今天我要吃臘味煲仔飯，或者，今天我要吃海鮮。很難說那道蒸蛋不是因為窗外早春的跡象引發的情緒。

　　和食物有關的情緒，沒有道理可循。

港式煲仔飯

／材料

陳皮、瘦肉和肥肉各 100 克、米、雞蛋、蔥花、鹽、糖、麥片、
胡椒粉、料酒、味醂、醬油。

／做法

1. 取一塊陳皮浸泡 15 分鐘。肉切丁,再切成絞肉。
2. 絞肉裡加鹽、糖、麥片、胡椒粉、料酒,充分攪拌。
3. 把肉餡裝入保鮮袋,在桌上摔打成起膠狀。
4. 將陳皮切碎,拌入肉餡中。將肉餡在手掌中揉捏拍打,做成
   肉餅。
5. 將泰國米倒入沸水裡,開中火攪拌。
6. 待米飯的水分微收,置入肉餅,在中間挖洞,打一顆雞蛋。
7. 蓋鍋蓋,中火煮 2 分鐘,轉小火續煮 8 分鐘。熄火後焗 8 分鐘。
8. 用糖、味醂、醬油調製成醬汁,攪拌後加熱。
9. 在飯上撒蔥花,淋上醬汁。

鮮蝦粉絲煲

他的口味像爸爸，

即使在臺灣生活了那麼久，

家鄉味道的菜仍是他最熟悉也最愛吃的。

Andrew 還記得那天坐的船抵達臺灣時的情形。那是一九四九年，他沒有跟爸媽在一起，就這樣由叔叔帶到了臺灣，還不知道會在哪一所學校念書，同桌是不是好看的女孩。

他現在似乎成了一個喜歡到處遊走的人。太太在世的時候他也經常往返於多個城市之間，不過很多時候還是和太太在一起。後來到上海做生意的那幾年，太太就在這間房子裡做飯給他吃。

他現在自己一個人做飯。

出門遠行的時候，只要一個能背能拉的小旅行箱就夠了。寬緣帽、棉麻圍巾、垮褲，像是宮崎駿電影裡身負某些神祕故事的老爺爺。

從市場買回來的蝦，在盛滿清水的臉盆裡不甘地扭動著。他站在水池邊，拿一把小剪刀一一剪去觸鬚，然後扔進一只鍋裡。

上海味道的菜是他最熟悉也最愛吃的菜，即使在臺灣生活了那麼久⋯⋯

當初爸媽沒有一起到臺灣，但過了一段時間之後，他們終於團聚了。爸爸在上海做的是出版，在臺灣繼續操持老行當，家裡來來往往的有很多文化界的人士，他的爸爸在家裡只說上海話，所以有些能聽懂，有些聽不明白的只能依靠手勢來交流。初到臺灣那幾年，爸爸結識的人裡有一些成為了他們家的「住宿生」，也可以說是「食客」。這些人像 Andrew 家一樣遷徙到了臺灣，但是一時沒有找到合適穩定的工作。他們當中有與出版、文化相關的人，有原先從事會計、行銷、教育等行業的人，也不乏大學教授。Andrew 下了課回到家，經常能看到幾個人聚在門口談論著什麼。

Andrew 自幼時起，家裡就有專門做飯的阿姨。到了臺灣，「住宿生」們的伙食也由他家的廚房包辦。爸爸請了一位當地的廚

師，並教那位廚師做上海菜。爸爸雖然很少自己下廚，但對食材、味道的掌握十分精準。家裡天天開一至兩桌的飯菜給「住宿生」們是很正常的事，他們吃這樣的私房菜上了癮，還會幫廚師出點子創新菜式。好在他們的家鄉大多是上海、江蘇一帶，口味基本上一致，廚師也不為難。

「塔苦菜＊也沒有，冬筍也沒有。」

提著鍋子逛攤的華人，就是他了。

處理蝦子的時候，耳邊猶有爸爸的那句「蝦的鬚一定要修」。

「道地的紅燒肉做出來，你用一根筷子插在肉裡把它提起來，肉汁連成一條線，不會斷的。」

「燒豬肺湯，你把豬肺放在水龍頭下面，開小一點的水流沖兩個小時。」煮出來的湯真好喝。

這些都是爸爸告訴他的，還包括油豆腐細粉裡的油豆腐在煮了第一遍之後，煮的水要倒掉，最後湯才會好喝。

＊ 塔苦菜 ｜ 上海話音譯，又叫烏塌菜、黑菜、塌棵菜等。「塔苦菜炒冬筍」是一道頗負盛名的上海菜。

他坐下來，面前是一鍋鮮蝦粉絲煲，裡面還放了一隻切成兩半的大閘蟹；一盤紅酒小番茄，麵上灑了他在桂花樹下撿起的桂花；蘆筍沙拉用切開的紅椒盛著。他端起玻璃杯喝了一口紅酒，放下杯子，用筷子夾起一個小番茄來吃，又放下筷子。對他而言，每夾完一口菜都放下筷子是餐桌禮儀。

　　外面暮色漸濃。

鮮蝦粉絲煲

／材料

蝦、大閘蟹、粉絲、蔥、薑、醬油、蠔油、紅酒、冰糖。

／做法

1. 修剪蝦子的觸鬚，大閘蟹切爲兩半。蔥切段，薑切片。
2. 起油鍋爆香蔥、薑，放入蝦，炒至半熟後放入蟹，加醬油、蠔油、紅酒、冰糖。
3. 放入燙軟的粉絲，翻炒均勻。
4. 換到砂鍋中，開小火燜 5 分鐘。
5. 收汁後，熄火再燜 10 分鐘。

清蒸鱸魚

有人說，酒精能夠帶走人的回憶，

但在她看來，

酒精不僅沒能讓她遺忘過去，

反而讓她記憶猶新。

I cook with wine, sometimes I even add it to the food.
— W.C. Fields

誰的身邊大概都有這樣一個朋友，一群人吃完飯回家，每個都好好的，唯獨他上吐下瀉，嚴重的時候還得去醫院掛急診吊點滴，病歷上毫無懸念地寫著：急性腸胃炎。

蔡佳就是其中之一。蔡佳的腸胃很脆弱，但她又特別愛吃愛喝。不是沒有人說過她，「自己的身體要自己注意，吃壞喝壞了還不是自己受苦？」談到這樣的話題，每個人的口氣都像是家長面對小孩，苦口婆心，但又不那麼有說服力。

蔡佳瘦瘦的，這符合一個腸胃脆弱患者的形象。齊瀏海下細眉細眼，神情間卻又有股滿不在乎的態度。蹬上她那輛腳踏車，矯捷得像一隻小兔子。

她自己也知道，這副脆弱的腸胃是被她一杯杯酒給「灌」出來

的。她住的地方，櫃子上放著若干瓶酒。「喝一杯？」工作得累了，她會這麼問同事，而通常他們都會來蹭一杯。

飲酒不再是男人的特權，許多女性也喜歡任由這種飲品為腦袋帶來許多奇妙的化學反應。有一次整理櫥櫃，她仔細地數了數，驚訝於自己竟不知不覺囤了那麼多種酒：黃酒、燒酒、日本威士忌、蘇格蘭威士忌、葡萄酒、蒙古的馬奶酒……

喝得完嗎？慢慢喝吧。

要說什麼時候愛上酒的，就得回到她爺爺還在的那個年代。那時，蔡佳只是讀幼稚園的年紀，逢年過節家裡親戚聚餐，總要開一、兩瓶白酒。爺爺取一根筷子蘸了點杯子裡的酒，拿到她嘴邊逗她：「抿一抿，嗯？」蔡佳很爽快地去接那根筷子，白酒的味道在嘴裡蔓延開，她張嘴哈了口氣，覺得這味道還不錯。再長大一點，毋須大人拿筷子蘸酒給她，她自己就會向爺爺討口小酒，再央求爺爺餵她一口紅燒鱅魚，這種紅燒的鮮鹹搭配白酒的香氣，簡直就是人間美味。

有人說，酒精能夠帶走人的回憶，可在蔡佳看來，酒精不僅沒能讓她遺忘過去，反而讓她對很多事情記憶猶新。

比如，那個櫻桃花盛開的地方。那是汶川地震過後一年，她作為記者被派去當地做一周年報導。從地勢相對比較平坦的汶川縣城，走山路去牛腦寨，到達山頂的時候她看到了櫻桃花。她沒想到此行能看到這樣的景象，浮在山腰的雲層把山頂盛開的花和耀眼的陽光，與山腳下被毀壞殆盡的城區隔開，是清晰的「天上」和「人間」。眼前的景象不禁讓她感慨：萬物孕育的力量不可捉摸，當希望的幼苗破土而出的時候，既是對逝去的時光、經歷的災難的祭奠，也是對今後的許諾。

那個開滿櫻桃花的地方，她去了兩回。第二回的時候櫻桃已經熟了。在寨子裡，她走訪了十幾戶人家，因為沒有燈，所以住在這裡的人們往往坐到靠近門口的地方，就著外面的自然光和蔡佳交談。每戶人家使用的家具都不一樣，是地震之後剩下的為數不多的一些，有的屋裡有床，有的沒有；有的住草棚，有的住磚房，靠近門口的地方大多有個矮櫃。這些就是他們所有的家當。

蔡佳走進一戶，坐在地上的屋主側身從矮櫃裡拿出一只裝滿白酒的汽油瓶，又抓了把櫻桃塞過來。「放一把在嘴裡，再喝口酒。」主人教她。四川櫻桃的個子不大，咬在嘴裡酸味超過了甜味，與白酒混合成一種以前從未嘗過的味道。那白酒和平時生活悠閒的城市人所鍾情的養生酒完全是兩碼事，彼時彼處，它刺激著蔡佳敏感的神經，眼前童話般的自然風景和寨子裡人們的生活現狀，讓她覺得流進肚裡的酒頗有回味。不論人生多麼顛沛流離，只要有一把櫻桃、一口小酒，或許就是最好的慰藉。

　　蔡佳離開家很久了，她一個人待過廣州、上海、北京，流離失所的苦頭也嘗過。在吃飯這件事上，她最有興趣的就是思考什麼食物配什麼酒。她不想醃兩個小時的牛肉，也懶得剁豬肉，所以做一道全魚料理再加杯白葡萄酒是一個人吃飯的上上選，冬天的時候或許換成兌一半水的燒酒。鱸魚、吳郭魚都可以拿來蒸，只要把蔥、薑換成黃薑、羅勒和辣椒就是東南亞風情。她還會做些小食，就地取材任意發揮，比如蒸蛋的時候放一些干貝或是桂圓、蝦米、銀魚在碗底，都很好吃。只要家裡有新鮮蔬菜、調味料和海鮮乾貨，對她而言就夠了。

———————————— 清蒸鱸魚

這兩年在北京，她有個開心的發現——雖然在這個城市裡，對吃抱有任何期待和幻想都是不恰當的——在附近菜市場可以買到為壽司店供貨的生魚片，用很便宜的價格換一大塊金槍魚，拿回家，當然再配上酒。

　　除此之外還有一項發現，不能說是發現，可以說是怡情之舉，那就是偷偷帶著紅酒進電影院，一邊看愛情片一邊和朋友一起把它喝個精光，唯獨千萬別讓戲院的工作人員發現！

清蒸鱸魚

／材料
鱸魚、蔥、薑、鹽、二鍋頭、醬油。

／做法
1. 蔥切成 6 至 7 公分長的蔥段，薑切成差不多相同長度的薑絲。
2. 在鱸魚的身體上抹鹽，魚肚裡放些薑絲。魚身用刀斜切幾道紋路，鋪上薑絲和蔥。
3. 淋些許二鍋頭，醃 15 分鐘。
4. 整條魚放入蒸鍋，先用大火蒸 6 分鐘，然後燜 5 分鐘。
5. 在一個小碗裡倒入醬油和水，加熱。
6. 鱸魚出鍋，除去魚身上的薑絲，淋熱醬油。
7. 在魚身上放置一些新鮮的蔥和薑，澆上滾油。很適合搭配白灼菜心。

水煮魚片

食物和人一樣，都是有個性的，

同樣一道水煮魚，

不同的人做出來，肯定不一樣。

四川成都有最好逛的小吃集市，這是對於遊客而言。胡記勾魂
麵、韭菜水餃、豌豆涼粉、粉蒸肉、葉兒粑、四川窩頭、米花糖、
小譚豆花、紅糖熱糍粑、張二涼粉、老媽蹄花、王記鍋盔、賀記
蛋烘糕、蓮子羹……讓人從早到晚也吃不完，這還不算上正餐。

成都的城郊還有最好逛的菜市場，這是對於寧遠而言。

「我喜歡下午去看的那一間。」

「因為出門就有菜市場？」

「對。」寧遠微笑。

家門口有菜市場是她的夢想。現在這個夢想實現了，她不知有
多高興。

有人就是喜歡逛市場，即使不爲買當天的伙食原料，在市場裡走一圈也能知道這座城市裡最新鮮的狀況。哪個地方鬧水災、旱災或是蟲災了，蔬菜瓜果就漲價了；新聞裡說最近吃雞肉要小心，於是連帶雞蛋也少了許多人問津；水產的價格天天在波動，有時候真有點像看股市大盤一樣，只不過跌不至於血本無歸，漲不至於一夜暴富。菜市場就是民生。

寧遠聽人說凌晨兩、三點鐘市場這裡已經忙碌起來，運貨的車子進進出出，兩個入口外的馬路有時候都會塞車。夜深，但人不靜。水產、瓜果、菜蔬都是這個時間運到市場裡來。日本東京著名的築地水產市場，每日天未亮魚類就已經拍賣完畢，拍到優質金槍魚的買家立刻喜滋滋地開車運回自己店裡，一天的營業就這樣開始，出現在客人眼前的是處理得極精細的生魚片，口腹之欲即刻被滿足。

寧遠很喜歡魚蝦。早上起床，替兩個小朋友梳理好，一起吃完早飯，寧遠就去菜市場採購一些東西。她先前往水產區，這一區往往是一個菜市場裡最繁華熱鬧的地方，首先硬體來說就多了幫

浦、水盆這些設備，水流的聲音一直不斷，叫賣聲此起彼伏，喊話的內容則根據時間的推移發生變化——一大早的通常都是說自家東西如何新鮮、產地如何優良，所以值得這個價錢，到午時自然降一點，下午兩、三點再降一點，再晚就會喊便宜賣、大特價之類，可想而知到收攤之前一定是「賠本賣」了。

水產區的地面一天到頭都濕漉漉。寧遠穿著平跟軟底鞋，自己打版縫製的棉麻布裙，蹲下檢視一只塑膠水盆裡的草魚時，用手略微收了一下裙襬，以免拖到地上。盆裡的魚每每游到幫浦打出氣泡的地方都會不由自主地嘴往上一揚，牠們也沒有多少空間可以游，只是慢吞吞擦著肚皮擦著肩錯身過去。

水煮魚是四川的招牌菜。不過，那些不在四川當地的所謂川菜飯館，採取的都只是其中一種水煮魚的做法。寧遠還會另一種，是把滾油澆到未經煮熟的新鮮魚片上，可以一邊看著它冒泡一邊嚥口水。

食物和人一樣，都是有個性的，同樣是一道水煮魚，不同的人做出來，肯定不一樣。

賣蝦的地方圍了一些人，他們似乎在為要買哪種蝦猶豫不決。攤商的話裡頗有鼓勵的意味——單價貴些的頭大分量重，單價便宜一些的體形細長，同樣的分量可能多幾隻。總而言之，就是你買我的蝦沒錯的。寧遠請老闆秤了兩斤蝦，她一下手，旁邊幾個原本還在猶豫的人也做了決定。買菜往往有這樣的群體效應。

　　有一片區域販售冷凍食品，還有一塊地方賣各種香料。寧遠走逛一圈，看得多，買得少，因為家裡院子自種了些香料，薄荷、藿香、羅勒、茴香、香茅等，前兩種用來搭配煮魚特別好。她也經常做雲南菜，她的家鄉在靠近雲南的地方。

　　氣氣是寧遠的小女兒，雖然還未到能講出完整語句的年齡，但時常會用咿咿呀呀以及手勢表達對於菜市場的喜愛。在離開電視臺主持人的位置之後，她做過大學講師、編導、製片人，而現在她有更多時間待在服裝設計室，並且和女兒在一起。天氣好的時候，她就用一件布兜將氣氣背在背上一起去市場。布兜隨著腳步有節奏地震顫，媽媽的體溫透過幾層布，傳達到女兒身上。

水煮魚片

╱材料

草魚一條、鳳尾（A菜）、蒜蓉、香菜末、蔥段、蔥花、乾辣椒、鹽、太白粉、料酒、薑、花椒粉、辣椒粉。

╱做法

1. 把整條草魚的頭尾切下，身體部分沿中間魚骨片出魚肉。魚骨切成數段，和頭尾一起備用。

2. 將魚肉片成薄片，加鹽、太白粉、料酒在碗裡拌勻，醃15分鐘。

3. 薑切片。在鍋裡加一勺芥花油，加熱，放入薑片。

4. 放入魚頭和魚骨翻炒，加鹽，注水至沒過魚身。大火煮魚湯10分鐘。

5. 取一把鳳尾切段，能入口大小。

6. 把鳳尾和蔥段一起放入魚湯，過水後撈出。在碗裡的鳳尾淋上魚湯。

7. 在鳳尾上均勻平鋪一層醃好的魚片。

8. 按先後順序灑上一層花椒粉、辣椒粉、乾辣椒和些許蒜蓉。

9. 將芥花油加熱至沸騰，澆在魚片上，加香菜和蔥花即完成。
   建議搭配地瓜飯、魚湯、四川泡菜。

手工蛋餃

很多口味和喜好都是小時候養成的，

長大之後，重要的人、重要的味道即使消逝，

卻在記憶裡永遠留存。

爐子裡的炭火發出劈里啪啦的輕微聲響，夜晚又黑又寂靜，鄰居家的房門後隱約傳出人聲。爐子旁圍坐著兩個人，是若谷和媽媽。

媽媽左手拿著專門用來做蛋餃的勺子（比普通的湯勺要大一些、厚實一些），放在炭火中央，右手取來碗裡的一小塊凝固豬油，在勺子裡均勻地抹一層，放回碗裡，再用調羹舀一勺打好的蛋液，倒在大勺裡，慢慢轉動。蛋液很快結成了蛋皮，貼在那層豬油上，香氣便冒了出來。若谷夾了一團餡料放到蛋皮上，略微烘了一下大勺底部之後，媽媽很仔細地揭下勺子裡的半邊蛋皮，對摺，輕輕按壓到另一邊，一個蛋餃就做好了。

「春節就是要吃蛋餃，蛋餃像元寶。」

————————————— 手工蛋餃

媽媽一面轉動大勺一面說。

每年春節，若谷家的飯桌上總有媽媽做的蛋餃。他從沒想過誰家過年是不吃蛋餃的，直到長大一點之後才知道，不同的地區有不同的飲食文化。當他嚼著蛋餃，品嚐餡裡豬肉和荸薺的滋味時，居住在北方的人們正往熱氣騰騰的鍋裡下餃子，豬肉白菜餡、韭菜雞蛋餡、素三鮮餡……餃子是白色的，形態上還是蛋餃更像媽媽說的元寶呢，若谷心想。

在媽媽手裡，一個蛋餃的製作過程只要十幾秒，若谷把它們整齊地排列在盤子裡，每一個圓滾滾的「肚子」都朝著相同的方向。

「現在有多少個了？」

「唔……四十七個。」

「明天給你做湯吃。」

「好！」

「湯裡還要放什麼？」

「唔……隨便。」

「又隨便,沒有『隨便』這樣東西呀,細粉要不要?」

「要!」

事先調配好的餡料用完了,原本放豬油的小碗裡留下一些豬油渣。雖然豬油渣算不上春節的傳統食物,但看到它若谷總是很高興。吃早飯的時候,媽媽給他一碟鹽,他就把豬油渣蘸了鹽配稀飯吃。淡而無味的米飯裡,夾雜了焦香的豬油味,吃完以後他特別滿足地嘆了口氣。

這天是農曆十二月二十。

做完蛋餃的第二天清晨,半夢半醒之間,若谷聽見門被輕輕打開,又輕輕叩的一聲關上。他迷迷糊糊地想,媽媽出門了嗎?

媽媽是去市場賣蛋餃。除了留足自家吃的分量,其餘的就拿到市場上賣。春節前,市場裡很熱鬧,各式各樣和過年有關的貨品都能在這裡找到。當然,這是相對於一九八○年代而言的「各式各樣」,和現在比有限得很,然而回想起來卻很有風味。

若谷跟著媽媽去過春節前的市場，他站在做春捲皮的攤子前饒有興味地看了好一會兒。攤主右手捧著和好的麵團，整個手掌差不多都被覆蓋住了，然後他熟練地甩動麵團，麵團與爐子上的圓形扁平鐵板接觸，受熱的部分就留下一張薄薄的圓形春捲皮。攤主用左手一揭，春捲皮從鐵板上揭下，疊在一旁已經做好的皮上。

　　市場裡還有賣黑洋酥*餡的湯圓。在南方一般是這種甜味湯圓居多，肉餡的不太常見。若谷的很多口味和喜好都是小時候養成的，他對媽媽親手做的菜餚記得特別清楚。雖然並沒有特別去記，但長大以後它們都會自己從記憶裡冒出來：蛋餃、紅豆小湯圓、桂花糖露、燒賣、酸梅湯、薺菜菜飯……

　　「春天，筍子上市的時候就可以做燒賣。一定要用春天的筍，放水裡汆過之後切丁，和肉拌勻。燒賣裡有一樣肉皮凍很重要。肉皮凍是用豬皮來煮，煮化後冷卻，煮豬腳的湯也可以代替豬皮。做好的肉皮凍要和餡拌在一起。」

*黑洋酥｜由豬板油和黑芝麻粉混合製成。

「做紅豆小湯圓和糯米粉的方法也是媽媽教的，煮一鍋粥，用煮出來的那個水來和麵，而不是直接用自來水。」

若谷把媽媽從前用的菜刀和砧板都收來放在自己的廚房裡用。春天的時候他去了一趟山裡，穿著布褂長衫，留著短而整潔的鬍鬚，像一個上世紀四〇、五〇年代走來的人。收拾完新居之後，天很快熱起來。今年還做不做桂花糖露？那得看桂花的生長情況了。

明天是媽媽的忌日。

手工蛋餃

╱材料
五花肉、荸薺、雞蛋、豬油、料酒、油、鹽、腐乳汁、花生醬。

╱做法
1. 把五花肉剁成肉泥。荸薺削皮，切碎。肉泥和荸薺混合，加料酒、油、鹽，用手攪拌。
2. 打四顆雞蛋，加入一點油和鹽，攪勻。
3. 在爐子上把蛋餃勺烘熱，用豬油在勺子內均勻塗抹。
4. 倒入適量蛋液，轉動勺子，讓蛋液均勻鋪開，結成一層蛋皮。
5. 在蛋皮中心放上事先準備好的肉餡，把蛋皮對摺，使邊緣貼合。
6. 重複以上步驟。
7. 吃的時候煮一鍋沸水，放入米粉和蛋餃，煮 10 分鐘。放入幾把青菜，小火燜一下。
8. 用腐乳汁加少許花生醬調成醬汁，用來蘸蛋餃。

沙嗲肉串

他發現除了工作之外自己什麼都沒有，

沒有休假，也沒有特別的愛好。

最後，他換了另一種方式看生活。

Chaik 五歲的兒子到北京看他，兒子突然喊餓，但 Chaik 已有十年光景沒有好好做過一頓飯了。在加拿大讀大學的那幾年，只吃漢堡就能簡單應付過去；或者隨意扔點番茄，用不知道是什麼的醬料煮一盤義大利麵。

他在廚房裡找到兩包速食麵調味料，和一包烏龍麵一起煮了，自己還沒吃，兒子就說：「求求你，下次別再做飯了。」

對這碗烏龍麵更真實的評價，一年之後才從別人的嘴巴裡傳到他耳朵裡，兒子對別人說：「我爸爸做的烏龍麵是世界上最難吃的麵！」

那些年是 Chaik 人生的低谷，他發現除了工作之外自己什麼都沒有，沒有休假，也沒有特別的愛好。而工作就是「爬上一個山

頭，還有另外一個山頭」，他投入了所有精力後，精疲力竭了。

他恢復了單身，順勢換了一份不完全以數字衡量人的工作。他在新加坡的一個朋友的母親退休之後成了卜卦高手，她用印度人設計的一套算命軟體替他占卜，然後用電子郵件告訴他：「喂，你現在換這份工作的時機很對。」

他換了另一種方式看生活。

當然，過去的種種影響仍然在。他研究起烹飪。開始的時候常常在腦子裡描摹以前在投資公司工作時，去上司 Peter 家裡參加晚宴的情形。Peter 曾出任幾任新加坡駐各國大使。Chaik 第一次收到 Peter 的邀請，是一張非常正式的紙函，上面還蓋了新加坡的國徽。

每次去聚餐，Chaik 發現席間總有個時段，上司和夫人只有一個人在席上。後來才知道，他們是輪流進廚房為客人們準備非常地道的新加坡菜。每次宴請，除了幾道菜是從外面的餐廳預訂的，其他的都是由夫妻倆親自為客人料理。

當他有機會參觀主人家的廚房時，他第一次看到一間「真正爲了做飯而做飯的廚房」，整齊地擺放著各類實用又設計精美的炊具。兩本二、三十年前的老食譜上，滿是 Peter 和夫人勾畫圈點的痕跡。這種安靜而有積累的生活場景讓 Chaik 很受觸動。

後來，他把所有的努力都用在了要改變兒子對他食物料理的惡劣印象上。他透過網路影片瞭解了如何擀麵可以讓麵條達到勁道口感後，爲兒子做了一碗紅燒牛腩麵。他如願以償，就像年少時透過努力獲得優等生的位置一樣。

如今，他有信心說出「我可以四小時教會你六道菜」這樣的話，而若干年前他還只是一個用漢堡填塞自己胃的留學生，這種反差不禁讓人莞爾一笑。

感情生活也有了回報。他成了一個用食物來對心儀的女人表達愛意的男人。

他爲他的阿拉伯語老師做了新加坡傳統食物沙嗲肉串，她看著他認真地把米飯捏成團，戲稱這和藏區的手抓飯一脈相傳。完成

後，Chaik 在飯糰上插上一枚紙做的新加坡小國旗，煞是可愛。

在他們兩人的關係步入新階段的時刻，Chaik 端出一碗燕窩「孝敬」老師。「我媽媽有個習慣，凡是進我們許家當媳婦，她都要求我和兄弟們為她們親手熬一碗燕窩。」母親因為祖上從廣州遷去南洋，對食物和人的關係有著一絲不苟的嚴格。這碗燕窩，Chaik 也嚴格遵照家傳食譜的做法。

「我老媽還說，吃完燕窩之後，別的什麼都不能做，只能上床睡覺。」

朋友們聽到這個故事，幾乎一百次都問同樣的問題：「那麼，到底後來睡了嗎？」

「廣東人講究兩點，一是補什麼，二是什麼時候補。」Chaik 迴避問題的關鍵，「媽媽的規矩是，燕窩必須要在睡前吃，吃完不能曬太陽，因為擔心傷元氣。」

這之後，他又做了件「驚天動地」的事：帶上吉他去北京的地

沙嗲肉串

鐵站唱歌。北京的地鐵站……你們知道的。爲了鼓舞士氣，進入
地鐵站通道的時候，他讓家裡養的狗走在他前面。

「喔——心愛的姑娘喲，你慢點兒走……」噹，噹噹！

沙嗲肉串

╱材料

雞腿肉、紅蔥頭、花生、鹽、糖、芫荽粉、薑黃粉、辣椒粉、紅洋蔥、蒜、一小碟油（和刷子）、米飯。

╱做法

1. 在保鮮膜上刷一層沙拉油，鋪上熱米飯，收起保鮮膜，把包裹其中的米飯握成團，放入一個杯子內，再用另一個杯子壓住。在上面放重物，以確保壓實，等飯糰冷卻。

2. 雞腿肉去皮，把肉放入塑膠袋內，用小錘敲打，使肉質鬆弛。取出，切成 1 公分的小塊。

3. 剝四顆紅蔥頭，用攪拌機打成末。

4. 在雞肉丁內放入紅蔥末、蒜蓉、1/2 匙鹽、1 匙糖、適量芫荽粉、薑黃粉，攪拌均勻，醃製 15 分鐘。

5. 把花生搗碎。在鍋裡放三匙熱油，倒入辣椒粉、花生碎、水，稍微翻炒。加 1 匙鹽、4 匙糖，開小火，一邊攪拌，煮至鍋內醬粉呈黏稠狀，即為沙嗲醬。

6. 把醃製好的雞肉丁裹上沙嗲醬，串到竹籤上。將肉串放到高溫烤盤上進行燒烤。烤的過程中在肉串上刷少許油。

7. 不時轉動肉串，燒烤約 10 分鐘。

8. 把重壓冷卻的飯糰取出，刀用濕布擦一下，把飯糰切成四小塊。

9. 紅洋蔥切塊，黃瓜切塊，與小塊飯糰及肉串一同盛盤。

牛肉漢堡

「花錢吃的菜，和花時間做的菜，完全不一樣。」

他有自己的主張，有自己的觀點，

有自己的料理風格。

他很高，手長腳長，永遠話不多的樣子，帶著諒解的、沉穩的、比他實際年齡大好多的笑，眼鏡擋住了視線，但鏡片後面的眼睛彷彿看過許多未曾發生或者沒有在表面顯露出來的事，透出深邃的光；頭髮打理過，一根根意氣風發，下巴留著極短的鬍渣，泛著青色；素色的 T 恤，牛津布長褲，拼色編織腰帶……手指也很修長。

從學校畢業也就三、四年。

這間店有兩個廚房。一個是客人不能隨意進入的，一個是專門為客人開放的。專門為客人開放的廚房在二樓，循著樓梯走上去可能一時還看不出是一個廚房，有點像一間寬敞溫暖的會客室，或者是發明什麼新鮮玩意兒的實驗室。碩大的木頭桌子，裝飾用

的壁爐，抽象畫風的畫作，還有靠牆的一排散發金屬光澤的烤箱。在一樓用餐的客人會受好奇心的驅使走到二樓看一下，但用餐只能回到一樓。

二樓的廚房兼課室可以說是 Alvin 的一個⋯⋯作品吧——教人做一些花時間和心思做的菜。「花錢吃的菜，和花時間做的菜，完全不一樣。」它的誕生和醞釀都是在微博上，「只要粉絲數量超過兩百就有獎勵。」老闆在開會宣布每個人必須開設微博帳號之後瞥了所有人一眼，加了這句話。眾人笑起來。有時候獎勵倒不是最重要的，這種「看看誰更厲害」的氣氛就像回到兒時比賽誰吹的肥皂泡更大。

Alvin 每天到廣告公司上班，負責金融領域客戶的品牌策略。他開始在微博上寫做菜的事，這是個人喜好，和廣告、設計、金融都不相關，某種程度上成為了一項實驗，成功以後他可以清晰看到傳播的效率是如何產生的。

「不要太深，不要太淺，可以不沾黏魚皮，厚實的鍋底在吸熱後提供持續充足的熱量，二十八公分，這個很合適。」這是他的

第一條微博，講一把鍋子。評論裡有一個人說：「不要太帥，不要太有才，可以不風花雪月，厚實的人品在相處後能提供持續充足的安全感，二十四歲，這個很保鮮。」朋友很有趣。有人問：「新婚夫妻，可以推薦一些基本廚具及品牌嗎？沒有做飯基礎……」他即刻回覆：「不沾鍋一只，中式鑄鐵炒鍋一只，白琺瑯湯鍋一只，就夠了。不沾鍋 Calphalon 或 All-Clad，鑄鐵炒鍋最好是南部鐵器的，琺瑯鍋 Le Creuset。這些鍋子日常用就足夠了，保養和使用方法會在微博裡說。」

他的確很看重廚房用具，「並不是說越貴越好，當然，一分價錢一分貨……不過總也有合適與不合適，」合不合適很複雜，和人、食材、飲食習慣、廚房條件都有關係。對他而言，百分之二的鎳就影響了鋼的延展性、光澤度和耐蝕性，好的不鏽鋼真的可以用很久，即使受到磨損也不會變得難看——這也很重要。同樣都是不鏽鋼，但材料的區別可以用「失之毫釐，謬以千里」來形容。

他做的菜有一種中西合璧的效果。

李安拍的《飲食男女》裡，在飯店裡當大廚的老朱一個人準備出一桌週末家庭晚宴的大菜。他把每週一次的晚宴看作一個儀式，一條規矩，一種與家庭成員交流的方式，雖然他不善言辭，尤其在三個女兒面前，而三個女兒又各有各的心事。

　　中國菜的精妙，在那段著名的相聲〈報菜名〉裡可見一二，「蒸羊羔、蒸熊掌、蒸鹿尾兒、燒花鴨、燒雛雞、燒子鵝、爐豬、爐鴨、醬雞、臘肉、松花、小肚、晾肉、香腸、什錦拼盤、熏雞、白肚兒、清蒸八寶豬、江米釀鴨子、罐兒野雞……」這些還不到全部的十分之一。老朱是一個懂得中國菜之精妙的大菜師傅，Alvin 的外婆也是。十歲之前，Alvin 都是在新疆吃外婆做的菜。那些菜式在他腦子裡積累沉澱出他自己的想法：在新疆吃的東西，和西餐很接近。比如炒番茄醬，和義大利的幾乎一樣，先放切碎的洋蔥和蒜，加上西洋芹和胡蘿蔔炒香，然後放新鮮番茄進去一起煮。再比如新疆的烤肉、烤羊腿、烤魚，做法以及那些醬汁和土耳其、哈薩克的多麼相像。

　　他有自己的料理風格，有自己的主張，有自己的觀點。當微博

—————————— 牛肉漢堡

的粉絲數增加爲兩百的若干倍之後，他把這件實驗品變成實體，開始到餐廳上班。

現在店已經很成樣子，看不出一點當初辛苦的痕跡。這種痕跡是留在心裡的，不輕易拿出來展示給別人看，自己一直知道，做成一件像樣的事有多不容易。從家裡出來之前，他做了一份牛肉漢堡作爲早餐。用優格、橄欖油、檸檬絲、黑胡椒粉，調製一小碗希臘優格醬；用牛胸肉和牛里肌做肉餅；烤箱預熱 180℃。他做得從容，毋須急急忙忙趕時間，若趕時間也不用做這漢堡當早餐。

把一整個漢堡嚥下肚，他擦擦手，「呵，早晨剛睡醒的時候都沒有這麼愉快呢。」

牛肉漢堡

╱材料

牛胸肉、牛里肌、麵包、起司、洋蔥、番茄、培根、生菜、優格、橄欖油、檸檬、黑胡椒粉、鹽。

╱做法

1. 在優格上淋橄欖油，加檸檬絲、黑胡椒粉、鹽，以及少許檸檬汁，攪拌成希臘優格醬。

2. 牛胸肉和牛里肌各取對等的量，切塊，用料理機將之攪拌成絞肉。

3. 絞肉裡加起司碎末、黑胡椒粉、鹽、橄欖油，拌勻。取適量餡料，用手揉捏拍打，壓製成約 1.5 公分厚的肉餅。

4. 洋蔥和番茄切片，起司切薄片。

5. 肉餅入油鍋單面煎 2 分鐘，翻面煎 1 分鐘。同時在另一個鍋裡烘烤麵包。

6. 烤箱預熱至 180℃。肉餅上放兩片起司，入烤箱烘烤 8 至 10 分鐘。

7. 煎幾片培根。麵包上放生菜、番茄、優格醬、肉餅、洋蔥、培根，蓋上另一片麵包。

8. 用生菜、洋蔥做成生菜沙拉。搭配檸檬氣泡水。

彩虹壽司捲

彩虹讓他想起一些美麗但不著邊際的東西，

就像理想一樣，

也許正是因為觸摸不到，才顯得更加美麗。

　「爬蟲公寓」裡阿七在休息，良君蹲在地上看了好一會兒。Cici 踱著步走過他身邊的時候，他伸手摸了一下 Cici，不過沒有看牠，Cici 弓了弓背。

　Cici 和 Jacky 是良君家裡的兩隻貓。「爬蟲公寓」是他為飼養這些寵物的地方取的名字，包括幾間玻璃屋和一個恆溫箱。阿七是一隻墨西哥紅膝頭 *。此外，他還養過角蛙、球蟒、蜥蜴，以及智利火玫瑰、委內瑞拉老虎尾、新加坡藍等品種的蜘蛛。

　他想，阿七身上的花紋也許可以作為原型來畫出一款紋身圖案。

　他餓了，便走去廚房做貓飯。這不是給貓吃的，是他自己吃。他喜歡拿貓飯當宵夜。把柴魚片撒在熱米飯上，淋上醬油和味噌湯就可以了。他喜歡米飯，要用好的米煮，口感會很 Q。

* 墨西哥紅膝頭｜一種蜘蛛。

他在大學裡第一次嘗試做壽司，那是一盤火腿壽司，總共花了他半個小時。而把它們消滅乾淨，只用了十分鐘。他撇撇嘴想，以後做給自己吃就該多放點料進去。後來就經常做，除了做給自己吃，還用來招待朋友，彩虹壽司捲、銷魂壽司、小良壽司、什錦壽司都是他的主打產品。什錦壽司的魅力在於每次做都可以在裡面放入不同的材料，端看冰箱裡有什麼，這對於晚間臨時起意要來他家蹭一頓吃食的朋友是一種福利。

而彩虹讓他想起一些美麗但不著邊際的東西，就像理想一樣，也許正是因為觸摸不到，它才顯得更加美麗。

他一直和理想保持著一種若即若離的關係，從小學學畫畫開始。不過……那時候誰懂呢，在課本上尋找空白處畫些不著邊際的東西——比如「李白大戰變形金剛」——是可以讓人體會到對紀律和守則進行小小背叛之後的愉悅。畫畫的衝動在他體內沒有足夠多到讓他長成一個大藝術家，卻細水長流地主導著他的各種決定。他對圖案有自己的見解。

爸媽很少吃他做的壽司。一是他在家的時間並不多，二是對他

們來說，壽司更像是一種年輕人的食物。它美麗而冷靜，不如一盤冒著騰騰熱氣、一半浸在鮮濃高湯裡的雞火干絲來得討爸媽的歡心。不過，有關壽司的一項獨門絕技是良君跟爸爸學的，叫「慢火煎魚鬆」。

「用鮭魚碎肉……如果拿整塊的肉來做魚鬆感覺有點奢侈，」良君取了幾片魚肉，扔進鍋裡，「不沾鍋裡不需要放油，直接把鮭魚放進熱鍋裡開中火煎。」煎一會兒之後，魚肉會自己出油，然後轉小火慢慢煎。良君用筷子不斷撥弄著魚肉，煎的過程中，魚皮和魚肉分離，他把魚皮拿走，做魚鬆不需要魚皮，等魚肉完全熟了之後再把肉和骨頭分離。「熟了之後很容易撥開的，拿筷子挑一挑就行。」他看著鮭魚肉表面有稍許變硬，認為這個程度剛好，於是熄了爐火。

煎好的魚鬆正好放進彩虹壽司捲裡。

他和他製作的壽司一樣，精細又安靜。他有一雙漂亮的手，適合畫畫、做壽司、紋身。現在他賴以生存的職業是紋身師，在皮膚上作畫，讓他很著迷。

在他心裡有另外一個世界，他在那個世界裡比在現實世界更自由。有那麼一個午後，飄了大半日的細雨停了，天空中有很多層濛濛的水氣，疊加在一起變成一張被子，蓋在良君家小樓的屋頂以及露臺上。「忽然有種天國的感覺。」他想起一個夢，他漂浮在城市上空，下面是陌生的街道，他張開手臂⋯⋯

彩虹壽司捲

／材料
米飯、壽司醋、鮭魚肉、黃瓜、甜味醃蘿蔔、海苔、飛魚卵、沙拉醬、茶末醬。

／做法
1. 依照個人口味在米飯裡添加壽司醋，充分攪拌。

2. 將米飯放入蒸籠，蓋上潮濕的紗布，靜置冷卻至 36℃到 40℃。米飯的溫度不宜過高或過低。

3. 鮭魚慢火煎成魚鬆（詳細方法見正文）。壓碎魚鬆，與沙拉醬充分攪拌。黃瓜和甜味醃蘿蔔都切成條狀。

4. 將海苔平鋪在壽司竹簾上，用醋和水濕一下手，再在海苔上鋪一層米飯，不宜鋪太厚。

5. 把米飯和海苔上下翻面，米飯貼著竹簾，在海苔上依次放上魚鬆、醃蘿蔔、黃瓜，在海苔邊緣抹一些芥末醬。

6. 捲動竹簾，動作不宜太快，邊捲邊輕輕按壓，要壓實並捲緊。

7. 在砧板上鋪一層飛魚卵，把壽司捲放在上面來回滾動，使米飯外均勻沾上飛魚卵。

8. 用七孔刀將壽司捲切塊，裝盤。準備好芥末、醬油，以及啤酒。

關東煮

身體裡每個細胞都無法再忍受這裡的一切，
連空氣都是。
出走是唯一選擇。

After a good dinner one can forgive anybody, even one's own relations.
— Oscar Wilde

提著一個中等大小的旅行袋站在家門外，她腦子裡只有一件事：離開這裡，不回來了。

這當然是一個衝動的決定。人一生哪有那麼多深思熟慮之後才做的決定，權衡所有利弊，皆大歡喜？呵。

距離高中畢業只剩十四天，可是 eL 身體裡每一個細胞都無法再忍受這裡的一切，連空氣都是。出走是唯一選擇。並不是對宜蘭沒有感情……過了許久之後回頭看，她能看到這座生活過的城市裡每一個屬於自己的印記。打工的那些地方，每週去買菜的市場，幫同學畫美術作業的教室，媽媽帶她去過的餐館，某段日子裡由媽媽指定為她提供正餐的三家便當店……

宜蘭，中學時代——

市場裡，eL 停在蔬菜攤前，眼前有一堆高麗菜。她的腦袋裡浮現出一個表格，這是一個不知不覺養成的習慣。每個格子被分配到四分之一顆高麗菜：左上是涼拌菜絲，右上是高麗菜做成的泡菜，左下是炒高麗菜，右下是一盤水餃。她對自己的這種安排很滿意。

從老闆娘手裡接過高麗菜放進袋子之後，她轉而用甜甜的童聲說：「阿姨，可以送我一點蔥嗎？」「唔，還有薑……」「可以要幾根小辣椒嗎？」大腦指揮臉上的五官表現出她能力範圍所及最可愛的笑容，她自認不是個善於討大人歡心的小孩，不過笑容擠一擠還是有的。

她在處理日常事務上一向訓練有素。買菜、做飯，精打細算又充分利用食材，變換花樣做出不同口味。這種統籌安排的能力，生活會教會你。

做完飯，她見剩下幾小段蔥白，便找了個花盆栽進去。沒過多久盆裡長出翠綠的蔥綠來，等長多一點的時候就可以用剪刀剪下

一些放到菜裡。大自然就是這麼奇妙，你把種子埋進土裡，它就能發芽結果，繼續輪回爲你享用。

許多人的中學時代是童年和少年的更替，eL 則已經在這段時期學著像一個成年人那樣思考問題以及學會自力更生。

上海，現在——

她自如地穿梭在充滿自己需要和喜歡的一切物品的房間。電腦在工作室，混音器在客廳，哈琪在她周圍奔來奔去——牠是一隻貓，喜歡偷喝裝飾水缸裡的水。

房子有四個朝南的陽臺。上下兩層都是長條形空間，被分隔成兩個陽臺，下層的兩個陽臺之間有一個小小的獨立洗衣間。陽臺上的盆栽有蔥，還種了些西餐用的香料，比如薄荷、迷迭香和薰衣草。小蘿蔔剛長出苗。客廳裡有好幾盆多肉植物。

eL 在家工作，起床以後第一件事就是做飯吃。

洗淨幾片高麗菜葉，把前幾天熬好凍著的高湯倒進鍋子加熱。從冷凍庫裡拿出薄切羊肉片。羊肉片是前一天打算做火鍋準備的，不過最後她改變主意做了一鍋關東煮。她很喜歡做一些湯湯水水的東西，一是吃到肚子裡很溫暖，另外則是她常備的材料也適合變換著做各種帶湯水的菜餚。從冰箱的收納盒裡取出香菇和絞肉的時候，她還記下了稍後需要從網路訂購補充的食材。一邊按摩小章魚，她一邊默默地數：「一、二、三、四。」

今天終於可以享用羊肉片了。流理臺觸手可及處有三排調味料，都是她經常用的。湯水裡不需要用到很多，有些是拿來調製醬汁的。

哈琪半個身子探進廚房，eL 說：「你看，我在忙呀，做好飯再跟你說好不好？」哈琪喵了一聲。

她每餐飯基本上都在十五分鐘內完成。百分之八十的準備工作在買菜回來後就處理妥當，冰箱裡分門別類用收納盒裝著各種食材，節省空間和時間。她總是說要制度化地對待冰箱食材，有良好的管理流程，至於調味，隨興就好。

eL 的食材管理術

1. ────────────────────────

採買蔬果肉類前先清點冰箱食材，確認還有什麼，保持「先進先出原則」，要與現有乾糧（米、麵、蘑菇、乾貨之類）能搭配。不要以為乾貨不會壞，食材有各自的保存期限，無論是考慮風味或是食品安全衛生，都要趁新鮮吃。冰箱內至少保留四分之一的空間讓冷空氣對流。

2. ────────────────────────

買回來先處理，做好分類。蔬菜類洗淨甩乾，切成適宜烹調的大小。葉菜類以及爆香用的蔥、蒜苗切段，約一指長。放進一般的保鮮盒保存即可。不同蔬菜混放有時會有不良影響，比如洋蔥跟馬鈴薯會彼此催熟，早熟快壞。

3. ────────────────────────

西餐會用到的肉品，以原包裝放在冷藏室溫度最低的地方，不能反覆拆封，否則會增加細菌滋生的機率。或是依食材以及想烹調的方式，先行切好醃製。備用肉品拆開包裝，分拆成單次烹調的量，放在耐凍的保鮮袋中冷凍。大塊豬肉尤其如此。建議寫上購買日期。肉品絕對不能反覆解凍。

4. ────────────────────────

蒜蓉可以一次切好兩餐（一天內）使用的量，放在密閉小盒子裡。蔥花、洋蔥丁或薑末可以切好兩天的量。eL 做什麼菜都會爆香，這種辛香料需求量大。

關東煮

／材料

高麗菜、大小香菇、蘿蔔、雞蛋、蟹肉棒、魚板、蒟蒻、小章魚、洋蔥、絞肉、鹽、黑胡椒粉、味醂、太白粉、昆布高湯、黃芥末。

／做法

1. 剝幾葉高麗菜。水燒開後灑點鹽，把菜葉放入水中燙軟後撈出，用冰水浸泡。

2. 在大香菇上雕花。蘿蔔切塊。燒一小鍋水煮白煮蛋。

3. 把昆布高湯倒入鍋中，加入蘿蔔、香菇、蟹肉棒、魚板、蒟蒻、白煮蛋。

4. 洋蔥切丁，取一把小香菇切碎，把這兩樣與絞肉混合在一起，用手攪拌均勻。加少許黑胡椒粉、鹽、味醂和太白粉調味，再攪拌。

5. 將做好的餡料裹入高麗菜葉，捲起，用牙籤插好固定。依此方法做數個菜捲，放入湯裡一起燉煮。

6. 以玻璃瓶底敲打按摩小章魚，使肉質鬆軟。對半切開，放入湯裡燉煮。
7. 小火燉 8 分鐘，完成。建議沾黃芥末食用。

鮮菇蛋花湯

年少時巴不得離開家一個人生活，

得到歷練之後又時時想念它。

再獨立的人，也抗拒不了突然襲來的鄉愁。

泛黃的白色吊扇在天花板下以中等速度旋轉著，或許是馬達老化，或許是缺少機油潤滑的緣故，發出嗡嗡的聲響。

風扇下是一名中年男人，靠坐在一張理髮店專用的深色高背椅上，理髮師正低頭幫他修剪鬢角。理髮師的女兒坐在靠近門口的一張空椅上，從那裡可以看見豎立在門外的紅白藍三色旋轉燈，以及街上過往的人們。

「我們家雙囍……她笨，一點也不聰明……讀書哪裡讀得好了……」風扇把理髮師的話截成一節一節傳到坐在門口的少女耳中。她略微氣憤地放下手裡的書，朝說話的人看去。理髮師還在繼續對著客人數落自己的女兒，客人倒不是陌生人，也算是同一座小鎮上看著雙囍長大的叔伯。

雙囍忍無可忍，站起來大聲說：「媽！說夠了沒有？我哪裡笨，哪裡讀書讀不好，哪裡不如別人家小孩？」質問完這三點，她說不下去了，眼淚流了下來。

　　理髮師的手頓住，自己也覺得有點尷尬，但又不能失了身為家長的尊嚴，於是叫雙囍別在這兒坐了趕快回家，順便到菜市場買點晚飯的材料。

　　雙囍是個乖小孩，五歲就懂得做番茄雞蛋湯讓媽媽高興，十一歲開始叛逆，十八歲拿到了大學錄取通知，現在還獲得了一筆獎學金，只是她對這筆錢有自己的安排，不願告訴爸媽，媽媽卻不明真相，竟然在外人面前「誣衊」她。

　　事後媽媽向她解釋，說是在外人面前不好意思誇獎自己的女兒，總要說自家小孩不如別人的才顯得謙遜有禮。雙囍嘆了一口氣。她知道媽媽向來是個好強的人，什麼都會做，所以什麼都嫌她做得不夠好。記憶裡媽媽對她不太流露過多感情，最濃烈的一次是她五歲時想在媽媽下班回家後給她一個驚喜，於是一個人

試著做番茄雞蛋湯，湯做壞了，媽媽卻抱著她，抱了很久。一旁的爐子上是一鍋漂著蛋沫的熱水，因爲她把倒入水和蛋液的順序弄反了。

「我們的父母這輩、包括我們的祖輩，都習慣了在情感表達上很克制，他們把愛放在心裡很深很深的地方，有時候連自己都忘了。」

錄取通知寄達的那天時間已經不早了，雙囍不在家，包括她在內的所有人都以爲她沒考上。爺爺看著錄取通知，樂了好一會兒，然後決定爲孫女做馬鈴薯絲慶祝一下。如果雙囍在家的話，她就能吃到一鍋香甜的馬鈴薯絲湯，爺爺的做法是在馬鈴薯絲裡放糖，燒湯。馬鈴薯切成絲之後先浸在水裡淘洗，然後晾乾。但直到晚上，那些馬鈴薯絲還只能晾在那裡。

離開出生的小鎮之後，雙囍最愛吃的兩樣菜就是馬鈴薯絲和蛋花湯。別的不是不愛吃，但都可以有所替代，唯獨這兩樣始終地位穩固。馬鈴薯絲她可以做出很多花樣，酸辣、醋溜、拌炒胡蘿

萄；用到醋的時候如果想要菜色好看就放白醋，要好吃則放陳醋。

　　她從媽媽那裡學會了鮮菇蛋花湯的做法，一個人心情欠佳的時候，炒一盤酸辣馬鈴薯絲，煮一碗有粉皮的鮮菇蛋花湯，立刻舒暢不少。

　　年少時巴不得離開家一個人生活，得到歷練之後又時時想念它。每次回鄉探親，她的包裹總會裝滿山東粉皮、四季豆這些東西，不過就算省著吃，也很快就吃完了。「山東粉皮一張像大餅一樣，紅薯做的，掰碎，浸泡半小時以上，放在菜餚裡。」她回憶道：「小時候隨處可以見到做粉皮的作坊，很多人一開始找工作就去粉坊當學徒。」

　　大學畢業後，她留在了上海。在她的人物攝影作品獲得認可、陸續接到案子的時候，她終於覺得自己適應了上海的生活。她對食物的口味由濃轉淡，雖然炒菜還是用蔥蒜爆香，也覺得生蒜十分美味，不過煲湯漸漸占據了她的食譜。蓮藕排骨湯、黃豆豬腳湯，這些本來只在粵菜館裡嘗到的食物如今常常出現在她一個人的餐桌上。

不久前她剛滿二十六歲。六年前她動筆寫下人生中第一部長篇小說，一直沒有寫完，結尾卻早就寫好了。小說名字叫《三月三》，農曆三月初三是村子裡舉辦廟會的日子，也是爸爸的生日。在大片的麥田旁，大人小孩一同追著飛上天的風箏奔跑。廟會裡總有一座香火鼎盛的佛堂，煙霧嫋嫋之上全是人們心裡的喃喃言語。別的地方的人信佛祖信基督，這片土地上的人就信廟裡供奉的菩薩。

鮮菇蛋花湯

╱材料
秀珍菇、雞蛋、粉皮、蔥花、鹽、醬油、醋。

╱做法

1. 大朵秀珍菇用手掰開，清水洗淨。每一片秀珍菇撕成兩、三條，擠乾水分。打兩顆雞蛋。

2. 把浸泡在水裡的粉皮撕成小片。

3. 油入鍋加熱，倒入秀珍菇翻炒，加鹽、醬油、醋。加水，放入粉皮。

4. 中火煮沸，小火續煮 5 分鐘。

5. 均勻倒入蛋液後迅速盛盤，灑蔥花。搭配花捲一起吃，特別美味。

列日鬆餅

人生就像練等級，

初階時，取捨很容易，

到了高階，「動心」的標準也變得高不可攀。

Pull up a chair. Take a taste. Come join us. Life is so endlessly delicious.
— Ruth Reichl

吃飽之後，坐在地上的、沙發上的、窗臺上的、長桌邊椅子上的人開始閒聊。

「你昨天去看過那個小培設計的陶碗了？」

「看了……不過，唉，有點不合意。」

「和之前見到的設計圖不一樣？」

「也說不上來，但感覺不太對。」

「你們女人就喜歡說感覺，哈哈哈。」

「你只懂你的程式，還懂什麼？」

「誰替我倒杯茶來？」

「他──」唐七指著家裡的一隻貓。

她辦家宴，仍然是一身藏青布衣，一頭長髮剛才進廚房的時候用髮夾夾起來，現在又放下來披著，更顯得唇紅齒白。

「我們去野餐嘛。」

「你已經嚷了一個月了。」

「那你怎麼不計畫一下？」

「你想去當然你計畫囉。」

「唐七──」林竹喊唐七，她想吃鬆餅。「剛才吃下去的蛤蜊蒸蛋正在胃裡等它的甜食朋友。」

唐七切出一盤草莓，有兩個人不等她做好鬆餅就捏了個草莓往嘴裡送。「我等你的鬆餅。」林竹對唐七甜甜一笑。

窗前掛著的玻璃風鈴叮鈴叮鈴響著。

又是一個人了。

唐七把腳伸進暖桌底下，腳掌碰到了貓溫熱的身子。這一隻總是喜歡躲在暗暗的地方，不知道是貪睡還是有心事。另一隻則在地板上踱來踱去，儼然主人的樣子。

天氣忽然冷了起來。每次這種讓人猝不及防的氣候變化總會招人抱怨：現在真是完蛋了，天氣越來越糟糕。其實幾十年前天氣也是這樣，多變，不講情面。春風和煦和秋高氣爽因為太過令人愉悅，所以無論怎樣都顯得短暫，就像人生中快樂的片段一樣。

女孩子們在朋友圈的群組裡聊天。一組家宴的照片底下，林竹對唐七說，你櫃子裡那幾只碟子好美，我們去野餐吧！唐七回了一個「切，你又只是說說」的表情。

暖桌上擱著一只青褐色的粗陶碟子，上面有一塊鳳梨酥。唐七撐著背後的靠墊站起來，去廚房給茶壺續開水。主人模樣的貓跟

著她快走了幾步，在蹭到她小腿的瞬間又轉身往大玻璃窗的亮光那裡走過去，假裝什麼也沒發生過。

這間公寓是唐七迄今爲止最喜歡的，雖然廚房還是小了一點。因爲考慮到招待朋友的需要，她在進門的地方裝修了一個吧檯，離廚房也很近，可以處理一些冷餐。有廚房，有吧檯，臥室就變成一個半開放式的空間，開冷氣的話會耗費很多電，而且也曬不到太陽，十全十美的事從來都是沒有的。

朝南的那個房間作爲起居室和會客室，得到了所有人的喜歡。大，明亮，有風味，隨便把身體放在哪裡都舒服，好處太多，唐七在布置它的時候花了很多心思。窗臺是一個可以坐著喝茶的地方，備了坐墊和茶具。站在窗臺上跨出去是小陽臺，舉平胳膊可以「侵入」鄰家的那一半領空。

從某個舊物市場買回來的木頭櫃子上，放著一只帶蓋子的矩形竹編籃子，這是唐七的工具箱。以食物造型師的身分工作的時候，這只箱子就和任何一個水電工、木匠拎的箱子沒有兩樣，只

是爲了防止碗碟之間互相碰撞，有時她會墊上幾塊軟布或一些軟紙。這只籃子裡還能裝下鬆餅爐、咖啡壺，在她騎車去附近公園野餐的時候。

食物造型是怎麼成爲職業的一部分，她也記不太清楚了。一切的開端似乎是她從家裡搬出來，一個人生活。她不是那種叛逆的少女，爲了脫離父母的管教而做出傷害雙方感情的舉動，而是有一天覺得可以獨自生活了，就找了間小房子，從家裡搬了出來。她的主業是撰稿和拍照，食物造型則是一種調劑。

唐七在房間裡聽著音樂兜圈子。每一樣東西都是她喜歡的——四隻腳站不穩、不能大力開關玻璃門的木櫃，上頭放滿形態不一的杯碗器具，碩大斑駁的古木條桌，桌上的黑膠唱機……這幾年買了多少東西又扔了多少？數不清呢。現在留下的都是精華，她暗笑，但是，也許過一段時間又會見到更好的。人生就像練等級，初級階段做取捨很容易，一旦到了高階，「動心」的標準也變得高不可攀。

兜圈子的時候，她想起兩把在日本京都買的竹節柄銅鍋勺。她一個人的晚餐通常因為一件器具起意，就像今天，她決定做一個鍋。她找出那兩把銅勺，廚房裡有一些海鮮，她順勢煮了一個海鮮鍋，鍋裡有大蝦、蛤蜊、豆皮、菌菇。吃過一輪以後再放豆腐、豆苗，順便燙一些解凍的干貝。最後用剩下的湯水做個雜炊 *，再放隻雞腿進去。

　　她實在吃得不少。

　　洗淨所有鍋碗，塗好護手霜坐到暖桌前，晚上還要工作。

---

* 雜炊　｜　先煮一鍋粥，很厚，米都煮得爆開呈黏稠狀。把海鮮鍋的湯料吃完後，在剩下的海鮮湯裡放入煮好的粥，有時也會再放點肉。

列日鬆餅

╱材料

融化奶油 30 克、低筋麵粉 80 克、細白砂糖 40 克、溫牛奶 30 克、鹽 1/8 小匙、速發乾酵母 1/2 小匙、雞蛋、草莓、優格。

╱做法

1. 在碗裡倒入牛奶、砂糖，攪勻。打入一顆雞蛋，攪拌。加鹽、酵母、麵粉、融化奶油，一邊加一邊攪拌，使之完全均勻。
2. 封上保鮮膜，在 25℃左右環境下發酵約 1 小時。
3. 預熱鬆餅機，在鬆餅機裡放入發酵完成的麵團。
4. 待一面烘烤至冒蒸氣後翻面。依據喜好烤至鬆餅兩面金黃焦脆。
5. 切開草莓，放在鬆餅上，淋一點優格。建議搭配手沖咖啡。

薑餅人

她做的事情、吃的食物都透露出同一個訊息：

她喜歡一切好玩的東西。

「不好玩，做它幹什麼？」

Your body is not a temple, it's an amusement park.
Enjoy the ride.
— Anthony Bourdain

在寒冷又清新的冬天，她把它們從烤箱裡小心翼翼地取出來，畫上嬉笑、呆傻、驚叫、喜極而泣的臉和花花綠綠的衣裳，放在戴著厚厚棉手套的手心，像一隻大手牽著一隻小手，可愛極了。

這是陳寅蓉以「獨門配方」做成的薑餅人。

在麵團、配料、烤箱、時間等要素之間，每個人都可以發展出自己的配方。至於結果和感受，當然也不盡相同。

薑餅人似乎原本就不是爲了被當作食物而存在的，它是一樣可以收納人的心情的物件，卻又敲上了保存期限的印章，讓擅長懷舊的人無法把它十年、二十年地永久保存下去。

一個人生活的時候，她經常自己做吃的。這一點，從她的外表上完全看不出來。不過，她的外表和她做的事情、吃的食物都透

露出同一個訊息：她喜歡一切好玩的東西。「不好玩，做它幹什麼？」她那雙笑起來弧度美麗的大眼睛，在一頭染成栗色的蓬鬆短髮下閃閃發亮。

好玩是她做所有事的最終目標。

她正在參與一項由中國成都大熊貓繁育研究基地和野生救援協會主辦的跨國公益活動，和她一起入選熊貓大使的還有一名非常具有科學素養的法國男生，以及一名曾經是曲棍球教練的美國女生。除了中國以外，他們走訪了十一個國家，觀摩各地大熊貓的生活狀況和當地的保育措施，同時連帶考察其他一些野生動物的情況，比如熊貓的伴生動物小熊貓和金絲猴。

她走進飼養區，一隻熊貓正在啃食竹子，這是牠們一天大部分時間所做的事。「今天蘋果吃了沒有？你也沒什麼煩惱，吃吃睡睡，布里斯對你不錯吧？瞧你多幸福。」布里斯是飼養員的名字。她蹲在玻璃護欄外，看著熊貓的吃相，覺得很好笑，掏出手機來又拍了幾張照片，熊貓還是咔咔地咬著竹子。昨天幫牠洗澡，她穿著塑膠雨衣和工作鞋，提著一根長長的軟水管，熊貓擺動腦袋，水花飛濺。

法國這一站已經接近整個行程的後三分之一。這幾日事務繁忙，她的體力消耗得有點大。儘管身處異國，她仍然堅守自己的飲食方式，偶爾也聽從同伴的極力推薦，和他們步行兩個街區去吃一餐西班牙海鮮飯。她個人的食譜其實很簡單，檸檬水、蔬菜沙拉、蜂蜜是固定的三樣東西，其他則視情況加減。她胃不好，因此養成睡前喝蜂蜜的習慣。

「熊貓的金字塔型食譜的底部是竹子，熱量不高，有豐富的纖維。此外牠們吃水果，以及一些人類提倡的五穀雜糧，比如燕麥磨成的粉。」一隻熊貓一天消耗三十公斤左右的竹子。不同地區給予熊貓的待遇不同，依據當地的產量而論。她還見過一種雜糧做的「熊貓窩窩頭」，月餅大小，蒸完是淡淡的褐色。

「熊貓也會在意食物的鹹淡。」誰都偏愛有味道的東西，如果可以，「竹子蘸醬」也許更受歡迎。

「給牠吃蘋果牠會很開心，番薯、甘蔗、胡蘿蔔也可以。」

「水果和竹子經消化後，產生的酵素有助於清理牠的腸道。」

「牠的糞便幾乎沒有異味，有點像是好茶葉烘焙過的顏色。」

「如果人類照著熊貓的食譜吃，會很健康。」

結束熊貓大使的工作之後，陳寅蓉得到以上結論。她只是感嘆自己沒辦法像熊貓那樣啃竹子。

隔了那麼久回到家，陽光從窗戶照進來的位置還是一樣，不過照射的時間點已經發生了變化。看書、蹓躂、逛博物館、煮飯給自己吃，冰箱裡有爸媽備下的材料。她進廚房小試了一下身手，竊喜自己的「五彩繽紛黑暗料理法」沒有退化，端出來的是一盤納豆秋葵番茄豆腐咖哩奶油義大利麵！天曉得她是怎麼想出這樣一種東西來的。如果有人說：「你煮正常一點的好不好？」她便端出海鮮粥，是用電鍋煮好之後再加入芝麻、魚肉、蝦肉、胡蘿蔔攪拌而成的。

她對飲食的態度偏向環保主義者，和素不素食沒有關係，而是留意在獲取能量的同時盡量不傷害自然環境。

薑餅人

╱材料

低筋麵粉 100 克、糖粉 20 克、紅糖粉 10 克、薑粉 2 克、奶油 20 克、清水 10 克、蛋黃一顆、蛋清、檸檬汁、糖霜、食用色素。

╱做法

1. 將所有材料（檸檬汁、糖霜、食用色素除外）混合攪勻，形成麵團，放入冰箱鬆弛 1 小時，取出後擀成麵餅。
2. 用模具在麵餅上取出一個個薑餅人，刷上蛋清。
3. 烤箱預熱 180℃，烘烤薑餅人約 12 分鐘。
4. 用蛋清調和檸檬汁和糖霜，用來蘸取食用色素。
5. 在烤好的薑餅人上畫出各種圖案。

茶

有人覺得酒最自由，

有人認為咖啡代表了某種精神，

有人，就愛茶。

Part of the secret of success in life is to eat what you like and
let the food fight it out inside.
— Mark Twain

　　客人手裡抱著一隻貓，對牠說：「包子，你也不在家做好飯等
我們回來？」

　　貓舒舒服服靠在客人懷裡，一臉若無其事的表情，像是在說：
「要吃飯你們自己做囉，我偷懶玩耍還來不及。」

　　「先來喝點茶。」主人發出邀請。

　　「茶越喝越餓。」

　　「有點心，一會兒還有好吃的。」

　　主人說話從來沒有誤差，說有好吃的必定是美味。邊喝邊等也
是回事。「等」分好幾種，滿心期待地等，無望地等。有人陪伴
一起等便不覺得漫長，等的過程也可以是種享受。有時候等一個

人，有時候等一個結果，有時候等一種生活。

主人到廚房裡張羅晚飯，Phoebe 在一個木頭架子上找茶葉。

「嗨，這罐什麼時候買的？」她舉著一只鐵罐朝主人晃了晃。

「唔……上個禮拜吧。」

她打開蓋子聞了聞。主人略提高了聲音跟她說是在哪裡買的，喝過一次的感受，以及哪裡好，哪裡又有欠缺。她嘴裡應著，從架子上選好了茶葉，在桌前坐下，茶席已經鋪好了，她臉上的神情變得沉靜又柔和，跟剛才抱著貓的那個人彷彿是並行在兩個宇宙時空裡。

她站起來去檢視水。不鏽鋼電水壺裡的水燒開以後，再沖入一只陶製水壺裡，水壺底下是燃著的小爐子，等這裡的水冒著泡把壺蓋頂起來，就進入茶的環節。

在這樣的環境裡，不免讓她想起以前。以前她曾住在古鎮的老屋裡，木結構的二層樓，是奶奶年輕時候住的房子。雨天，她就

趴在二樓的窗沿上，看雨水從瓦片的凹槽裡滾下。現在碰上閒情逸致的雨天，她總要泡上一杯茶，看部電影或者看幾本書。書是根據心情來看的，有些讀了幾十頁，忽然就想換一本翻一翻。遇到一個閒適的雨天，和找到能配好茶的茶碗茶杯一樣難得。

她像是循著和所有人一樣的平常軌跡生活了若干年，有一天忽然回心轉意，把心目中對生活的那種嚮往投射在了茶上。有人覺得酒最自由，有人認爲咖啡代表了某種精神，有人就愛茶。

「茶道……你覺得花十年、二十年來學夠不夠？」

她的答案是，學十年、二十年都不夠。既然不夠，就沒有必要拘泥於此。她也不是全不顧飲茶的整套禮儀，她只是憑自己的心得，喝自己的茶。

茶桌上由她照顧全域。她端著茶盅，爲朋友們的茶杯裡注入茶湯。小杯小口喝茶的好處是不會燙口。

除了茶杯以外，還有幾碟主人奉上的茶點。作爲茶點的食物通

常外形小巧，取在手裡一口吃下或者至多分為兩口。也吃不多，
只是空著肚子飲茶，或者連續飲太多，容易醉。

　　Phoebe 自己喜歡綠茶，那種顏色和輕巧的勁和她很襯。她最愛
龍井，所以當第一縷春風吹向家門口自力更生的小花時，她就迫
不及待地準備好用來喝龍井的玻璃杯。一個人喝茶，需要用一只
至少能裝三百毫升水的杯子，把茶葉放在杯子裡，然後灌水進去
泡。喝的時候把浮上來的葉子吹開些，吹一下，喝一口，再吹一
下，再喝一口。喝茶的過程，似乎可以讓人忘掉全世界。

　　「木木呢？」

　　「在家。出門的時候找牠找不著，隨便牠了。」木木是 Phoebe
的貓，一隻長了暹羅面孔、個性卻像狗一樣的貓咪。

　　「什麼時候讓包子跟木木一起玩。」

　　「沒問題，下次囉。」Phoebe 想起早上被木木一腳踩到臉上而
醒來，不由得笑了起來。

茶喝完了，主人端出琳瑯滿目的菜盤：辣炒蛤蜊、青椒絲拌綠豆芽、番茄排骨湯、馬鈴薯燉肉、萵苣筍葉炒飯、萵苣筍滑蛋。

　　「你也不用這麼急呼呼地展示你有多賢慧，哈哈！真是才貌雙全。」

　　「知道你為了吃，什麼甜言蜜語都能講。」

　　包子從地上站起來，表示也要湊個熱鬧。

茶

/材料

茶席、茶葉、茶荷、茶匙、茶壺、茶盅、茶杯。

/做法

1. 在茶荷上倒出適量茶葉。

2. 以熱水溫壺，並溫潤茶盅。

3. 用茶匙將茶葉投入茶壺中。熱水潤茶（輕晃茶壺）。

4. 將潤茶之水經茶盅倒入茶杯，溫杯。

5. 沖泡，水滿至壺口。

6. 出湯。茶湯注入茶盅，再分入各個小茶杯。

手沖咖啡

多，不一定就是好；

一個人，不一定就是孤獨。

好喝最重要。和生活一樣，自己覺得愜意最重要。

人類社會的發展正如黑格爾所說，呈現出螺旋狀前進的態勢。當臺灣引進了咖啡種植這項產業的時候*，一般人並沒有把咖啡當作日常生活必需的飲品。後來這種經濟作物一度衰落，又再度興起，等到 Will 坐在阿 Ken 的咖啡館裡的時候，已經是大街小巷隨處能碰見咖啡館的時代了，不只在臺北。

Will 到上海之前一直生活在臺北。臺北有大大小小許多家咖啡館，其中有一個相對穩定的群體——精品咖啡館。說它們穩定，既因為它們的主人對於如何做大生意、擴張規模並不太在意，同時它們的主人個個身懷技藝，足以維持店裡產品品質的穩定，而不至於讓店隨便陷入經營不善的困境。它們的主人不關心擴張規模，所以這樣的精品咖啡館往往門面有限，招牌不甚起眼，如果勸老闆拿出幾十萬元來整修店面、做些巧妙精緻的裝潢設計，他

* 據記載，自清朝時期荷蘭人占據時就引進。

們一定寧願用這筆錢來添購更精良的咖啡設備以及原料。這些精品咖啡館多半是家族生意，老闆親自擔任咖啡師，並且對於開連鎖店非常謹慎。

「為什麼一定要這樣？你知道臺北有多少間咖啡店，拚手藝才是真的，現在的客人也厲害，比如都是濃縮咖啡，他喝了別家再來我家喝，就能說出我們兩家用的是什麼咖啡豆。」這番話是咖啡店老闆阿 Ken 對 Will 說的。

精品咖啡館在品牌連鎖咖啡館面前總有一點略顯清高的姿態，就和很多人在人群裡願意表現出的一樣。人的內心很奇妙，有時候渴望孤獨，有時候又害怕孤獨。

Will 第一次走進那間咖啡館的時候，看見門口蹲坐著一個人在喝酒，穿著短褲拖鞋。他從喝酒的人身邊走過去，進到店裡，找了個位子坐下來。

這是一間不到三十坪的店，從菜單上來看主營咖啡，但 Will 嗅到了酒的味道。門口那人不知何時已經離開了，Will 的視線在門

口那條小路上停留了一會兒，然後要了一杯拿鐵。他找的座位在角落裡，原本店內燈光就不甚明亮，到他這裡就更暗了，光的觸角落在他腳尖前一、兩公分的地方，他把腳縮了縮。

所有不用按照嚴格的上班時間、不用堅守在貼著自己名牌的那個隔間裡的工作，不外乎這麼幾種，設計師便是其中之一。設計師是最引人遐想的一個職業，它介於藝術家和普通人之間——不管人們對於藝術家的想像是不是真的，不管藝術家最後是不是變成了商人。

Will 就是一位設計師。他在完成一件案頭工作以後想要放鬆一下，一個人，於是走進了這間咖啡館。

他一直不太理解為什麼人們喜歡成群結隊地坐在咖啡館裡。「說話不會很累嗎？約一個大家都有空的時間不會很累嗎？想走的時候又不能站起來就走。」

後來有一次，他坐在這間咖啡館的吧檯前的椅子上，吧檯裡和他面對面的是第一次拿菜單給他的服務生，在一邊做著咖啡的是

老闆，就是那個在門口喝酒的中年人。

「我當兵回來以後第一次喝咖啡。那時候星巴克在臺北開不久吧？」

老闆在一旁說了個年份。

「星巴克沒有你們的咖啡好喝，不過它真的教會很多人喝咖啡，你說是不是？」Will 的手機響了一下，他看一眼說：「同事找我。」老闆朝他揮揮手，「晚上一起吃飯。」

他忽然就決定不當設計師了，離開那個看上去和藝術無限接近的職業。「我沒有選擇，是它選了我。」他喃喃自語。他作為合夥人之一，與咖啡店老闆一起開發了一個咖啡品牌，在北京短暫停留之後到了上海。

在上海開店的幾年裡，聽到最多的一個問題就是：「什麼樣的咖啡算是好咖啡？」這個問題在他買第一把咖啡壺的時候也曾經問過阿 Ken。「醇厚感、風味、回甘⋯⋯這些所謂的標準說起來

太多了，其實總結起來就是入口喜不喜歡。同一個產地的咖啡豆，不同的烘焙師做出來的就不一樣，所以不能說哪個產區的就一定最好。」

好喝最重要。和生活一樣，自己覺得愜意最重要。

手沖咖啡

／材料
咖啡豆 15 至 20 克。

／做法
1. 將咖啡豆放入磨豆機內，進行中細研磨（具體操作依據咖啡豆的烘焙程度）。
2. 取一張濾紙，接縫處單向摺疊，放在濾杯口。用 85℃ 至 90℃ 的熱水浸潤濾紙，去除紙味。濾杯下的玻璃量杯以熱水溫杯後將水倒出。
3. 把研磨後的粉末倒入濾紙，稍微搖晃，以達到均勻布粉。用手指在粉末中心挖個洞。
4. 第一次注水，咖啡膨脹後停止注水。燜蒸 10 至 20 秒。
5. 第二次注水，獲取 200 毫升咖啡。倒入咖啡杯即可飲用。

蔡雅妮／
單身人士，愛喵星人，愛食愛酒，不會做飯。

張愛球／
記者出身，對一切不用坐在辦公室裡的事感興趣，
有點笨手笨腳。

看更多：臉書搜尋「一人食」（＊內容為簡體中文）

一起來｜享 022

一人食：一個人也要好好吃飯

作　　者	蔡雅妮・張愛球
插　　畫	楊謹瑜 Vita Yang
美術設計	蘇伊涵
行銷企畫	蔡欣育
責任編輯	楊惠琪
出版經理	曾祥安
社　　長	郭重興
發行人兼 出版總監	曾大福

編輯出版　一起來出版
發　　行　遠足文化事業股份有限公司
　　　　　www.bookrep.com.tw
　　　　　23141 新北市新店區民權路 108-2 號 9 樓
　　　　　客服專線｜0800-221029　傳真｜02-86671065
　　　　　郵撥帳號｜19504465　戶名｜遠足文化事業股份有限公司
法律顧問　華洋法律事務所　蘇文生律師

初版一刷　2015 年 10 月
定　　價　340 元

有著作權・侵害必究
缺頁或破損請寄回更換

國家圖書館出版品預行編目 (CIP) 資料

一人食 ： 一個人也要好好吃飯 / 蔡雅妮，張愛球著
初版 . 新北市 ： 一起來出版 ： 遠足文化發行 , 2015.10
208 面 ； 14x20 公分 -- （一起來享 ; 22)
ISBN 978-986-90934-7-7(平裝)
1. 飲食 2. 食譜 3. 文集
427.07   104016113

come together